극지과학자가 들려주는

남극 식물 이야기

그림으로 보는 극지과학 시리즈는 극지과학의 대중화를 위하여 극지연구소에서 기획하였습니다. 극지연구소Korea Polar Research Institute, KOPRI는 우리나라 유일의 극지 연구 전문기관으로, 극지의 기후와 해양, 지질 환경을 연구하고, 극지의 생태계와 생물자원을 조사하고 있습니다. 또한 남극의 '세종과학기지'와 '장보고과학기지', 북극의 '다산과학기지', 쇄빙연구선 '아라온'을 운영하고 있으며, 극지 관련 국제기구에서 우리나라를 대표하여 활동하고 있습니다.

일러두기

• ℃는 본문에서는 '섭씨 도' 혹은 '도'로 나타냈다. 이 책에서 화씨 온도는 사용하지 않고 섭씨 온도만 사용했다. 절대온도는 사용하지 않았다. 위도와 경도를 나타내거나, 각도를 나타내는 단위도 '도'를 사용했지만, 온도와 함께 나올 때는 온도를 나타내는 부분에 섭씨를 붙여 구분했다.

• 책과 잡지는 《 》, 글은 〈 〉로 구분했다.

• 인명과 지명은 외래어 표기법을 따랐다. 하지만 일반적으로 쓰이는 경우에는 원어 대신 많이 사용하는 언어로 표기했다.

• 용어는 책의 내용과 직접 관련이 있는 경우에는 본문에서 설명하였고, 주제와 관련이 적거나 추가 설명이 필요한 용어는 책 뒷부분에 따로 실었다. 책 뒷부분에 설명이 있는 용어는 본문에 처음 나올 때 ●으로 표시했다.

• 참고문헌은 책 뒷부분에 밝혔고, 본문에는 작은 숫자로 그 위치를 표시했다.

• 그림 출처는 책 뒷부분에 밝혔다.

• 용어의 영어 표현은 찾아보기에서 확인할 수 있다.

그림으로 보는 극지과학 5

극지과학자가 들려주는
남극 식물 이야기

이형석 지음

차례

남극에도 식물이 있나요?

극지연구소에서 식물학자로 근무하면서 강연을 위해 전국 각지의 학교를 방문할 기회가 여러 번 있었다. 그때마다 학생들이 가장 많이 물어본 것은 남극에서 펭귄을 직접 만났는지를 비롯한 펭귄에 대한 것이었고 그 다음이 바로, 위의 질문이었다. 사실 활발하게 움직이는 동물에 비해 식물에 대한 관심은 상대적으로 적을 수밖에 없다. 나를 남극의 식물학자라 소개할 때마다 "눈과 펭귄밖에 없는 남극에서 식물학자가 무슨 할 일이 있나요?"하며 의아하게 보는 눈빛에도 이제는 많이 익숙해졌다.

우리에게 남극은 너무나 멀다. 남극세종과학기지는 비행기를 4번 갈아타고, 보트를 1번 타는 7일간의 여정을 감내해야 도착할 수 있는 곳이다. 이토록 멀리 있다 보니 사람들은 영상을 통해 남극을 만날 수밖에 없다. 아름다운 영상에서 허허로운 벌판 귀퉁이 얌전히 올라온 이끼가 귀여운 펭귄이나 웅장한 빙하를 제치고 주인공이 되기는 어려워서, 사람들은 남극과 함께 식물을 떠올리지 않는다. 하지만 실제로 남극을 방문했을 때, 그곳에서 겪게 되는 식물과의 만남은 매우 특별한 경험이었다.

남극의 여름철, 드넓은 눈밭에서 스스로의 체온으로 눈을 녹이고 햇빛을 쬐고 있는 지의류와 이끼, 한 발 떼기조차 힘든 삭풍에도 자신의 자리를 굳건히 지키며 꽃을 피우는 남극좀새풀까지, 남극 식물의 놀라운 생존력은 충분히 경이로워 모두를 매료시킬 만하지만 우리가 그 매력을 알아차리기에는 남극은 너무 멀고 이들을 소개하는 자료도 변변치 못했다.

이 책은 직접 남극에 가보기 힘든 사람들에게 남극 식물을 소개하고 그들의 매력을 조금이나마 알려주기 위해 기획되었다. 따라서 남극 식물의 특별한 이야기를 담고 있지만, 독자들의 이해를 도울 수 있는 식물학 기초 지식들을 함께 수록하였다. 본격적인 이야기에 앞서 1장에서는 우선 "남극"과 "식물"이 과연 무엇인지 알아보고자 한다. 최근 생물학에서 어떤 방식으로 식물과 식물 아닌 생물을 구분하는지를 이해하고, 남극이라는 물리적인 공간의 범위를 식물 분포의 관점에서 좀 더 명확히 구분하기 위함이다. 2장에서는 남극에서 만날 수 있는 식물의 종류를 식물분류 체계에 맞추어 구분하고 설명한다. 이 과정에서 식물분류 체계를 개관하고 개별 분류군의 특징들을 이해할 수 있을 것이다. 3장에서는 그토록 가혹한 환경에서 남극 식물이 어떻게 살아갈 수 있을까라는 물음에 대한 답을 찾고자 한다. 환경에 따라 달라지는 식물의 형태, 저온에 특화된 광합성의 특징, 환경 스트레스를 이겨내기 위한 전략 등 지금까지 알려진 남극 식물의 특별한 생존 능력에 대한 연구 결과들을 소개할 것이다. 4장은 기후변화와 남극 식물에 대한 이야기다. 최근 발표된 기후변화 예측시나리오에 기반하여 남극 식물은 어떤 변화를 겪게 될지 예측해볼 것이다.

남극이라는, 지구상 다른 곳과 뚜렷이 구분되는 곳에서 남극 식물은 오랜 기간 스스로를 단련하고 맞춤 전략을 개발해 왔다. 그리고 과학자들은 이들의 특별한 생존 전략의 비밀을 밝혀내고자 오랫동안 노력했지만 아직은 극히 일부분만 알아냈을 뿐이다. 하지만 그 과정에서 남극의 식물학자들은 커다란 지적 즐거움을 얻을 수 있었고, 이는 다시금 힘든 연구과정을 견디게 하는 근원적인 힘이 되었다. 이 책을 통해 독자들도 과학적 탐구의 즐거움을 함께 누리기를 바란다.

1장

남극에도 식물이 산다

남극에도 식물이 있을까요? 우리에게 남극은 천지를 뒤덮고 있는 거대한 빙하와, 그 위를 아장아장 걷는 펭귄 무리, 그리고 기후변화로 녹아내리는 얼음으로만 기억됩니다. 하지만 남극에도 분명 식물은 살고 있습니다. 바닷가와 주변 섬들에는 여름이면 갖은 색깔을 뽐내며 이끼와 풀들이 자라납니다. 꽃을 피우는 식물까지도 있습니다.

자, 그럼 남극에는 어떤 식물이 있는지 알아볼까요? 그런데 그 전에 도대체 어떤 생명체를 식물이라고 하는 걸까요? 이 장에서는 식물이란 무엇인지, 그리고 식물이 자라는데 남극은 어떤 지리적 기후적 특징이 있는지 살펴봅니다.

여름철 킹조지 섬은
겨우내 쌓인 흰 눈을 벗어던지고,
연두색, 초록색, 노란색, 갈색, 검은색을 띤
다양한 식물들로
갖가지 색을 뽐낸다.

남극은 불모의 땅이다. 아니, 많은 사람들이 그렇다고 생각한다. 드넓은 백색의 빙원과 바다에 두둥실 떠다니는 커다란 빙산, 그 사이 떼지어 있는 귀여운 펭귄들이 일반적인 남극의 이미지다. 하지만 흔히 오스트랄 썸머austral summer라 불리는 남반구의 여름인 12월에서 2월 사이에 남극세종과학기지를 방문하는 연구자들이 갖게 되는 감정은 긴 여정 끝에 집에 도착한 듯한 안도감이 첫 번째이고, 두 번째는 기지를 둘러싼 녹색 벌판으로 인한 놀라움이다.

여름철 남극세종과학기지가 위치한 킹조지 섬 바톤 반도의 해안가는 쌓였던 눈이 녹아내리고 연두색, 초록색, 노란색, 갈색, 검은색 등 다양한 색으로 뒤덮인다(그림 1-1). 노란색은 부족한 수분과 지속되는 햇빛 때문에 엽록체가 파괴되고 변색된 이끼들이다. 하지만 노란색의 바로 아래를 들춰보면 선명하고 파릇파릇한 초록색의 잎이 숨어있다. 수분 공급이 충분한 곳에서는 연두색과 초록색

그림 1-1

여름철 남극세종과학기지가 위치한 바톤 반도 해안가 지역은 눈이 녹아내리고 다양한 식생이 드러난다. 노란색, 연두색, 초록색, 갈색은 다양한 이끼들이고, 하얀색과 회색으로 뒤덮인 부분 은 지의류다. 서로 다른 식생은 그들의 고유한 색으로 구분할 수 있다.

을 띠는 다양한 이끼들이 때로는 카펫처럼 넓게 펼쳐지기도 하고, 때로는 울룩불룩 언덕의 형태로 모여 자라기도 한다. 돌무지와 바 위에서 갈색과 검은색을 띠는 이끼는 주검의 이미지를 떠오르게 하지만 엄연히 살아있는 생명이다. 또한 흰색, 회색, 밝은 민트색, 노란색, 붉은색 등 다양한 색깔의 지의류가 넓은 지역을 뒤덮고 있 기도 하다. 바톤 반도의 포터 소만 부근에서는 드물지만 잔디처럼 생긴 남극좀새풀도 만날 수 있다.

남극의 식물은 여름의 기나긴 햇살을 받아 광합성을 한다. 스스로 만들어낸 에너지로 자기 몸을 키우고 자손을 만들기에 분주하다. 자기의 영역을 뚜렷이 만드는 식물이 있는가 하면, 이끼와 남극좀새풀처럼 서로의 몸을 보듬어 주기도 하며 살기도 한다. 이처럼 여름의 남극은 더 이상 불모지가 아니라 풍성한 생명으로 가득찬 역동의 현장이다.

1 식물이란 무엇인가

도심 속 아파트 단지에서도 흔히 볼 수 있는 소나무, 단풍나무, 벚나무와 같은 목본, 철쭉이나 진달래, 개나리 같은 관목류, 잔디, 민들레, 제비꽃 같은 초본을 보면 누구나 이들이 식물임을 안다. 공원에서 산책하는 유치원생도 식물을 찾아보라고 하면 금새 나무나 잔디를 가리킨다. 그 말은 직관적으로 알 수 있는 식물의 특징이 존재한다는 것이다. 이렇듯 누구나 쉽게 식물을 구분할 수 있지만, 때로는 식물인지 아닌지 고개를 갸우뚱하게 만드는 생물도 있다. 체계적으로 정리된 식물의 정의가 필요한 이유다. 남극에 살고 있는 식물을 살펴보기 전에 먼저 어떤 생물을 식물이라 부를 수 있는지부터 알아보자.

식물학자들은 항상 이용 가능한 최고의 기술을 총동원하여 식물의 특성을 연구하고 이들을 구분할 수 있는 분류체계를 만든다. 하지만 지속적으로 발전하는 기술 덕분에 미처 몰랐던 새로운 차이점을 알게 되면 기존의 분류체계는 새로운 것으로 교체된다. 그래서 식물학자들이 만드는 식물의 성의 역시 10년 전과 지금이 다르고 아마 10년 후는 또 달라질 것이다. 여기서는 가장 최근에 정리된 식물학자들의 정의를 토대로 식물의 조건을 살펴보자[1].

식물의 가장 두드러진 특징은 광합성을 가능하게 하고 식물을 푸른색으로 보이게 해주는 엽록소의 존재다. 그렇다면 모든 식물은 광합성을 하는 것일까? 새삼이라는 식물은 엽록소가 없어 광합성을 하지 않는다. 새삼은 갈색의 줄기로 숙주식물 주위를 촉수같이 감아 올라가는데, 뿌리 대신 기생근haustorium이라는 특수한 기관을 만들어서 숙주로부터 물과 무기물, 양분을 뽑아낸다. 새삼처럼 완전히 다른 식물에 기생하는 식물을 완전기생식물이라 한다. 기생식물이지만 자신의 엽록소를 가지고 일부 광합성을 병행하는 식물을 반기생식물이라 하는데, 약재로 널리 쓰이는 겨우살이가 대표적인 경우다. 한국의 겨우살이는 주로 참나무에 기생하면서 숙주식물의 영양분을 빼앗고 번식력을 감소시키지만 자신의 엽록소를 이용해 광합성도 할 수 있기 때문에 초록색을 띤다.

살아있는 식물을 숙주로 삼는 기생식물과 달리 생물의 사체나

광합성을 하기보다는 다른 식물로부터 영양을 흡수하여 살아가는 기생식물들. (a) 나무 줄기를 칭칭 감은 새삼 줄기, (b) 사과나무에 기생하고 있는 겨우살이, (c) 대표적 부생식물인 수정난풀

배설물을 분해하여 양분을 얻어 살아가는 식물을 부생식물이라 한다. 수정난풀은 낙엽이나 이끼층이 두껍게 쌓인 숲속에서 주로 자라면서 분해자의 역할을 수행한다. 몸 전체가 완전한 백색을 띠고 있고 스스로 광합성은 전혀 하지 않는다.

새삼이나 수정난풀처럼 엽록소가 없어서 광합성을 하지 않는 식물도 현재 분류체계에서는 식물로 간주된다. 그 이유는 이들이 지금은 잃어버렸지만 광합성을 하는 조상에서

식물을 식물이게 하는 가장 큰 특징, 엽록소. 광합성을 가능케 하고, 녹색을 띠게 만들어 준다. 또한 하나의 세포가 아니라 여러 개의 세포로 이루어져야만 식물체라고 할 수 있다.

유래했기 때문이다. 따라서 식물을 정의하는 첫 번째 조건은, 엽록소를 가지고 광합성을 할 수 있거나, 혹은 광합성을 못하지만 광합성을 하는 조상에서 유래해야 한다는 것이다.

두 번째 조건은 여러 개의 세포로 이루어져야 한다는 것이다. 클로렐라는 건강보조식품으로 널리 애용되는 대표적인 단세포성 민물 녹조류다. 클로렐라는 활발하게 광합성을 하며 빠르게 증식할 수 있어 민물생태계의 주요 에너지 공급원이 된다. 하지만 여러 세포가 유기적으로 이루어져 하나의 개체를 이루는 것이 아니기 때문에 식물이 아닌 조류로 분류된다. 유글레나는 엽록체를 가지고 광합성을 하지만, 편모를 이용해 스스로 운동하는 단세포생물이어서 원생동물로 분류된다.

식물을 정의하는 세 번째 조건은 셀룰로스가 풍부한 세포벽을

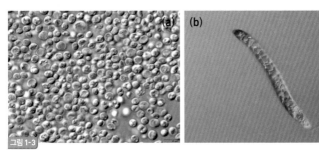

그림 1-3 광합성생물인 클로렐라와 유글레나는 자신의 엽록체를 이용해서 광합성을 하지만 단세포생물이기 때문에 식물이 아니다. (a) 클로렐라 (b) 유글레나

극지과학자가 들려주는 남극 식물 이야기

가져야 한다는 것이다. 동물의 세포는 세포 벽이 없고 세포를 둘러싼 세포막이 외부와의 최종 경계를 만든다. 하지만 식물은 세포막

식물은 세포막 바깥에 셀룰로 스로 만들어진 세포벽이 있어 야 한다.

을 둘러싸는 또 하나의 방어막인 세포벽을 가진다. 식물이 곧게 설 수 있는 이유는 바로 탄수화물 중합체 사슬인 셀룰로스가 세포벽 의 주성분이기 때문이다. 세포벽은 식물만의 특징은 아니다. 곰팡 이와 버섯으로 대표되는 균류도 세포벽을 가지지만 식물 세포벽 의 주성분이 셀룰로스인데 반해, 균류 세포벽의 주성분은 키틴이 라고 하는 당이기 때문에 식물과는 구분된다.

　네 번째 조건은 육상 생활에 적응된, 혹은 수생생활을 하더라도 육지에 적응된 식물에 서 기원한 생물이어야 한다는 것이다. 바다와

식물은 현재 육상 생활에 적 응되었거나, 그 기원이 육지에 적응된 식물이어야 한다.

호수처럼 물로 이루어진 공간에서 생활하는 광합성생물 중 대표적 인 경우는 조류와 수생식물이다. 우리와 가장 친숙한 것은 미역, 파 래, 김 등의 조류다. 이들은 앞서 열거한 식물의 세 가지 조건을 모 두 충족하지만, 진화적으로 수중생활을 하던 원시조류로부터 유래 했기 때문에 식물에 포함되지 않는다. 그렇다면 조류와 마찬가지 로 물에 사는 수생식물의 경우는 어떨까?

　검정말, 물수세미, 통발은 물 속 토양에 뿌리를 내리고 식물체 대 부분 또는 전부가 물에 잠겨있다. 이처럼 수생식물의 일종인 침수식

물은 완벽히 물 속에 잠겨서 생활하기 때문에 서식지 환경이나 형태적인 면에서 거의 조류와 구분되지 않는다. 하지만 이들이 여전히 식물인 이유는 육상식물의 조상으로부터 유래했기 때문이고, 조상들과는 달리 물 속에서 생활하기 쉽도록 적응을 했기 때문이다.

침수식물 외에도 물에서 생활하는 식물들은 많다. 갈대, 부들, 연꽃은 물 속 토양에 뿌리를 내리지만 잎이나 줄기의 윗부분은 물 위로 노출되어 있고 이들을 정수식물이라 한다. 꽃줄기가 수면 위로 자라 나오는 연꽃과 달리 꽃이 물에 둥둥 떠있는 수련처럼 뿌리는 물 속 토양에 고정되어 있지만 잎 전체가 물 위에 떠있는 부엽식물, 개구리밥과 부레옥잠처럼 뿌리가 고정되지 않은 채 물 위에 떠서 생활하는 부표식물도 모두 물 환경에 적응한 수생식물이다.

요약하자면, 첫째, 엽록소를 가지고 있어서 광합성 능력이 있거나 혹은 그러한 조상에서 유래해야 한다는 것, 둘째, 여러 세포로 구성되어 있을 것, 셋째, 셀룰로스가 풍부한 세포벽을 가질 것, 넷째, 육상생활에 적응되었거나 혹은 그러한 조상에서 유래해야 한다는 것 등의 네 가지 조건이 현대식물학에서 내린 식물의 정의다. 일상적으로 생각하는 식물의 개념과 약간의 시각차는 존재할 수 있지만 어디까지나 정확한 정의에 기반하여 식물을 분류하고 연구하고자 하는 식물학자들의 노력의 산물이므로, 이 글에서 지칭하는 식물은 이 정의에 기반했음을 기억하자.

그림 1-4

땅이 아닌 물에서의 생활에 적응한 식물들. (a) 조류와 유사하게 물에서 생활하는 침수식물인 검정말 (b) 정수식물인 연꽃 (c) 부엽식물인 수련 (d) 부표식물인 개구리밥

2 식생에 따른 남극의 지역 구분

남극은 약 1400만 제곱킬로미터에 달하는 넓은 지역으로, 크기로는 미국의 약 1.4배, 대한민국의 약 140배에 달한다. 지역이 넓은 만큼 위치에 따라 기후나 서식하는 식물의 종류도 다르기 때문에, 과학자들은 이러한 특징을 기준으로 남극을 세 개 지역으로 구

분하였다.

개별 지역의 특성에 대해 알아보기 전에 지역 구분의 기준이 되는 남극 바다의 독특한 특성에 대해 간단히 알아보자. 남극대륙은 남빙양 또는 남대양이라고도 불리는 남극해로 둘러싸여 있다. 남극해는 태평양, 대서양, 인도양, 북극해와 함께 전세계 오대양 중 하나인 거대한 바다다. 남극해의 표면에서 70~200미터 깊이의 수층을 남극 표층수라 하는데, 다른 곳에 비해 수온과 염분이 낮고 변화폭도 큰 편이다.

남극 표층수의 근원지는 남극발산대라는 해역이다. 북쪽의 서풍과 남쪽의 동풍의 영향으로 표층수가 남북으로 밀려나게 되면 빈자리를 보충하기 위해 깊은 곳에 있던 남극 심층 순환수가 표층으로 올라오게 된다. 이렇게 깊은 곳의 바닷물이 상승하여 표층까지 올라오는 현상을 용승upwelling이라고 한다. 용승한 바닷물은 남북 방향으로 퍼지게 되는데, 남쪽으로 이동한 바닷물은 남극해 표층 해빙이 녹아 만들어진 저온, 저염분의 물과 섞여 남극 표층수를 형성한다. 남극 표층수는 약 -1.8도의 수온을 유지하며 남극대륙을 접해서 휘감아 돈다.

반면 남극발산대에서 북쪽으로 이동한 바닷물은 상대적으로 온도가 높아서 여름철 최대 약 4도의 수온을 유지한다. 남위 50도 ~60도 부근에서 더욱 따뜻한 아남극 표층수와 만나면, 남쪽에서

극지과학자가 들려주는 남극 식물 이야기

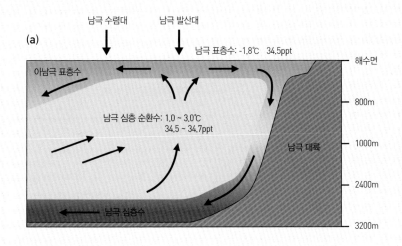

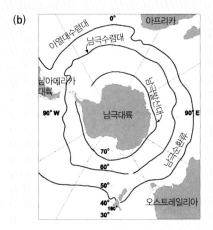

남극수렴대와 남극발산대를 경계로 남극해의 표층수 온도는 크게 변화한다. (a) 남극대륙을 둘러싼 남극해 표층수의 특징적 분포 (b) 남극발산대와 남극수렴대의 대략적인 위치

이동해 온 낮은 온도와 높은 밀도의 표층수는 아래쪽으로 가라앉게 되어 남북으로 표층수의 수온차가 커지는 경계를 만들게 된다. 이곳을 남극수렴대 또는 남극전선이라 하고 남극 해역과 아남극 해역의 경계가 된다. 다시 말해 북에서 남쪽으로 이동할 때 표층수의 온도는 남극수렴대에서 한 번, 남극발산대에서 또 한 번 급격히 떨어지게 된다.

과학자들은 주변 해양 환경에 따른 기후 차이와 서식하는 식물의 종류와 생태적인 특징에 따라 남극을 아남극, 해양성 남극, 대륙

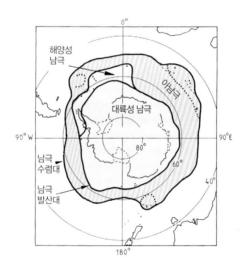

그림 1-6

기후와 식생에 따른 남극의 지역 구분. 남극수렴대와 남극발산대를 경계로 아남극과 대륙성 남극이 나누어지고, 남극 반도 북서해안과 주변 섬들은 특유의 온화한 기후와 다양한 식생 때문에 별도의 해양성 남극으로 구분된다.

극지과학자가 들려주는 남극 식물 이야기

성 남극의 세 지역으로 구분하였다. 남극수렴 대와 남극발산대의 사이에 존재하는 섬들은 아남극으로 구분되는데, 아남극은 세 지역 중 가장 온화하면서 다양한 식물들이 서식하지

만 일반적인 관점의 남극에서 벗어나는 특징을 많이 보이므로 이 책에서는 논외로 한다. 남극발산대의 안쪽, 즉 이남의 지역에서 대부분의 남극대륙을 포함하는 지역이 대륙성 남극으로 구분되고, 해양성 남극은 아남극과 대륙성 남극 사이의 지역으로, 남극 반도의 북서해안 지역과 킹조지 섬, 남쉐틀랜드 군도, 샌드위치 섬, 오크니 섬, 피터 섬 등을 포함한다(그림 1-6).

가장 고위도에 속하는 대륙성 남극은 식물에게는 최악의 기후조건을 갖춘 곳이다. 따라서 남극의 식생은 다소 온화한 해양성 남극에 집중되어 있고, 대륙성 남극에서 지의류나 선태식물의 서식처는 해안선을 따라 분포하는 극히 일부 암반이 노출된 지역과, 드라이밸리, 일부 내륙의 누나탁에 국한된다.

대륙성 남극은 흔히 극지 사막이라 불린다. 연강수량이 200밀리미터 미만이고 그나마 대부분 눈으로 내리기 때문에 생물이 직접적으로 이용 가능한 물은 극히 제한적이기 때문이다. 따라서 식물의 생장이 어려워 현화식물은 찾을 수 없지만 30여 종의 선태식물이 서식하고 있고, 일부는 남위 84.1도 지역까지도 분포한다. 하지

(a) 대표적 해양성 남극 지역인 킹조지 섬에 위치한 남극세종과학기지 전경 (b) 남극 맥머도 기지 주변의 드라이밸리. 사막에서 물이 고인 곳을 오아시스라 부르듯이 남극에서 눈이 없는 지역을 오아시스라 하는데 이곳은 대표적인 남극의 오아시스이다. (c) 남극 남쉐틀랜드 군도의 리빙스턴 섬에 있는 아헬로이스키 누나탁. 남극에서 누나탁은 눈으로 뒤덮인 빙원에서 삐죽 솟은 암반이나 산처럼 눈이나 얼음으로 뒤덮이지 않은 지역을 말한다.

극지과학자가 들려주는 남극 식물 이야기

만 포자는 거의 보기 힘들어서, 남위 77도 부근이 한계선으로 알려져 있다.

표1-1 남극의 지역 구분에 따른 식물의 분포[2]

식생에 따른 지역 구분	현화식물	선태식물	지의류
대륙성 남극	0	31	125
해양성 남극	2	100	150
합계	2	110	>200

남극세종과학기지는 해양성 남극에 속하는 남쉐틀랜드 군도에서 가장 큰 섬인 킹조지 섬의 서남부 바톤 반도(남위 62도, 서경 58도)에 자리하고 있다. 대륙성 남극에 비하면 상대적으로 온화한 지역이지만 겨울철인 5월에서 10월까지는 햇빛이 거의 비추지 않고 기온은 꾸준히 영하에 머무르며 식생은 대부분 눈에 덮여 지낸다. 여름철인 12월에서 2월 사이에는 하루 20시간에 육박하는 긴 낮 시간 동안 오존층의 감소로 인한 강한 자외선이 식물을 공격한다. 또한 강수량은 연평균 500밀리미터 내외로 서울 지역 강수량의 3분의 1 수준이다. 대기와 토양의 온도는 영상 0도에서 10도 사이를 오르내리지만 항상 초속 10미터 내외의 바람을 동반하기 때문에 체감온도는 그보다 훨씬 낮아진다. 어느 하나 식물의 생장에 유리해 보이지 않지만, 바톤 반도에만 현화식물 2종과 선태식물 50여 종이 분포하고 있으며, 해양성 남극 전체 기준으로는 현화식물

2종과 선태식물 100여 종이 알려져 있다.

본 장에서는 남극의 식물을 이해하기 위한 첫 단계로서 먼저 식
물을 정의하고 남극을 정의하였다. 식물을 정의하는 조건은 첫째,
엽록소를 가지고 광합성을 한다(혹은 그러한 조상에서 유래), 둘째,
여러 세포로 구성되어 있다, 셋째, 셀룰로스가 풍부한 세포벽을 가
진다, 넷째, 육상생활에 적응되어 있다(혹은 그러한 조상에서 유래)
등의 네 가지이다. 또한 기후와 식생 분포의 특징을 고려하여 남극

극지과학자가 들려주는 남극 식물 이야기

대류과 주변 섬들을 포함하는 넓은 지역을 아남극, 해양성 남극, 대
륙성 남극의 세 지역으로 나누었으며, 본 책에서는 남극수렴대 이
남에 위치한 해양성 남극과 대륙성 남극 지역에 서식하는 식물에
대해 집중하기로 한다. 다음 장에서는 식물분류학적 관점에서 이
지역에 서식하는 식물들을 구분하는 주요 특징들에 대해 알아보자.

2장

남극을 지키는 식물들

남극에는 어떤 식물들이 살고 있을까요? 매서운 추위와 메마른 토양, 얼음으로 뒤덮인 육지는 식물이 살기에 너무나 가혹합니다. 하지만 그곳에도 꽃을 피우는 잔디 같은 풀부터, 주위를 온통 푸르게 만들어주는 이끼까지 많은 식물들이 살고 있습니다.

이 장에서는 남극 식물의 대부분을 차지하는 지의류와 선태식물 그리고 현화식물까지 그들의 분류학적 생태학적 특징을 중심으로 알아봅니다. 식물은 너무나도 다양해서 모두 다 비슷해 보이지만, 일정한 기준에 따라 구분하다 보면, 식물을 보다 쉽게 나눌 수 있고, 진화상의 맥락도 한층 분명하게 알 수 있습니다. 이번에는 남극에서 끈질긴 생명력을 이어가는 식물들을 알아봅니다.

1500년 이상
얼음 속에 갇혀 있던 이끼를 꺼내어
따뜻한 곳에 두자, 다시 자라기 시작했다.
빙하기를 이겨내는
놀라운 생명력과 뛰어난 재생능력은
감탄을 자아낸다.

남극의 여름은 수많은 생명체들의 에너지로 가득차 있다. 하지만 3개월 정도의 짧은 여름철마저 식물의 생장은 쉽지 않다. 낮은 기온, 극단적으로 바뀌는 일주기, 매우 적은 수준의 강수량 등 식물에게 불리한 요건이 많다. 때문에 꽃이 피는 식물은 단 두 종에 불과하고 눈에 보이는 곳은 주로 300여 종의 선태식물과 지의류로 뒤덮여 있다. 이번 장에서는 이 지역에 살고 있는 식물의 종류와, 그들의 분류학적, 생태학적 특징에 대해 알아보자.

1 지의류는 식물이 아닌 광합성 생물이다

남극의 독특하고도 혹독한 자연환경에서 가장 눈에 띄는 생물체는 바로 지의류다. 앞시 열거한 식물의 조건에 기반하면 지의류는 식물이 아니다. 분류학적으로 지의류는 균류에 포함된다. 하지만 지의류는 남극의 육상에서 다른 식물보다 먼저 눈에 띄는 존재이고, 또한 활발한 광합성으로 남극 육상 생태계의 생산성에 기여하는 바는 식물에 못지않기 때문에 본격적인 식물 탐구 이전에 이들을 먼저 살펴보도록 하자.

남극세종과학기지가 자리잡은 킹조지 섬 바톤 반도의 여름철 육상은 다양한 색의 지의류로 뒤덮여있다. 눈 녹은 해안가 언덕의 푸른색은 *Usnea* 속의 지의류이고, 메마른 산악 지역 자갈밭을 갈색과 검은색으로 덮은 것은 주로 *Himantormia* 속의 지의류다. 생태학자들이 파악한 남극 식생의 조성은 지역별로 차이가 있지만 눈에 보이는 면적 기준으로 선태식물이 20~60퍼센트, 지의류가 10~50퍼센트 정도를 차지한다. 수적인 열세에도 지의류가 먼저 사람들의 눈길을 끄는 것은 그들의 독특한 형태와 다양한 색깔, 평소 사람들의 눈에 잘 띄지 않던 존재에 대한 호기심 때문일 것이다.

지의류는 여러 모로 특이한 존재다. 지의류는 단일 생명체가 아닌 균류와 미세조류(또는 남세균)의 공생체다. 지의류의 단면을 자세히 살펴보면 초록색을 띠는 녹조류 또는 남세균이 균류의 균사 덩어리층 사이에서 층구조를 이루고 있다. 조류나 남세균은 지의류를 이루는 균류에게 유기양분과 산소를 공급하고, 균류는 상대방에게 이산화탄소, 물과 무기염류를 공급할 뿐

지의류는 균류와 미세저류가 함께 살아가는 공생체다. 조류는 유기양분과 산소를 공급하고, 균류는 이산화탄소와 물, 무기염류를 제공한다.

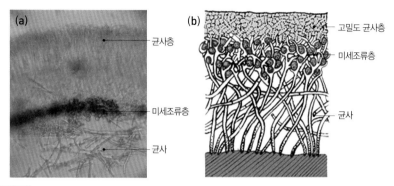

그림 2-1

(a) 지의류의 내부 구조. 투명해 보이는 고밀도의 균사층 밑에 초록색의 미세조류가 서식하는 층이 있고, 그 아래에 다시 균사들이 보인다. (b) 각상지의류의 내부 구조 모식도. 고밀도의 균사층 밑에 초록색의 미세조류가 서식하는 층이 있다. 그 아래에는 균사층이 땅이나 돌 등의 물리적인 지지기반과 부착되어 있다.

아니라 외부의 거친 환경으로부터 보호해 준다.

일반적으로 균류는 생태계의 분해자로서 사체나 토양 속 유기물을 분해하여 그 산물을 양분으로 삼아 성장하고 번식한다. 스스로 유기물을 생산할 수 없기에 이용 가능한 유기물이 적은 환경에서 독립적으로 살지 못한다. 하지만 수분이나 무기물이 부족한 곳, 또는 환경요인의 변화폭이 극단적일 때는 동면 상태로 들어가 좀 더 안락한 환경이 돌아올 때까지 버티는 능력이 탁월하다.

미세조류는 스스로 광합성을 하며 유기물을 만들어내는 생태계의 생산자이므로, 유기물이 적은 환경에서도 살 수 있다. 하지만 일

35

정량 이상의 수분을 필요로 하기 때문에 건조한 곳에서 살기 힘들고, 외부 환경 변화에 약하다는 단점이 있다.

균류와 지의류가 따로 살아도 아무런 문제가 되지 않을 정도의 안락한 환경이 지속되었다면 이들은 굳이 지의류라는 새로운 형태를 만들지 않았을지도 모른다. 하지만 서로 공생관계를 형성해서 함께 생활하게 되면서 그 이전보다 적응 가능한 환경의 범위가 대

그림 2-2

남극의 대표적인 수지상지의(a,b), 엽상지의(c,d), 각상지의(e,f)
(a) *Usnea aurantiaco-atra* (b) *Cladonia borealis* (c) *Himantormia lugubris*
(d) *Umbilicaria antarctica* (e) *Caloplaca lucens* (f) *Placopsis contortuplicata*

폭 넓어졌고, 오늘날 그들은 극지방이나 고산지대 육상에서 가장 강력하고 두드러지는 존재가 되었다.

이토록 다양한 환경과 지역에 적응해 살 수 있는 지의류의 능력은 종종 그들의 몸을 화려하게 꾸며주는 색소에서 나오기도 한다. 조도가 높은 서식지에 자리잡은 지의류가 만들어 내는 밝은 황색, 오렌지색, 적색의 다양한 플라보노이드 계열 페놀화합물은 광생명체인 미세조류의 광합성 기구가 손상되지 않도록 도와준다. 또한 지의류 내 균류가 생산하는 독특한 유기산과 기타 화합물은 초식동물과 미생물의 공격으로부터 스스로를 방어할 수 있게 도와준다.

지의류는 전세계적으로 약 2만5천 종 이상이 존재하고 남극에서는 400여 종이 확인되었다. 지의류는 자라는 형태에 따라 세 가지로 분류된다. 바톤 반도 주변의 해양성 남극 지역에서 쉽게 눈에 띄는 *Usnea aurantiaco-atra*와 *Cladonia borealis*는 나뭇가지 형태로 자라는 대표적인 수지상樹枝狀지의다. 큰 바위나 넓은 돌무지에 많이 분포하는 *Himantormia lugubris*와 *Umbilicaria antarctica*는 식물의 잎과 비슷하게 생겨서 엽상葉狀지의라 하고, 돌, 나무, 바위 등에 마치 페인트를 바른 것처럼 납작하게 달라붙어 자라는 *Caloplaca lucens*와 *Placopsis contortuplicata*는 각상角狀지의라 한다.

현대식물학에서 지의류가 식물이 아닌데도 남극에서 지의류를 무시할 수 없는 이유는 이들의 다양한 생태적 기능 때문이다.

지의류는 식물은 아니지만 광합성을 하고, 일부 종은 질소고정을 하기도 한다. 수분이나 양분이 부족해 생존에 적합하지 않은 환경에서는 비활성 상태로 지낸다.

첫째, 지의류는 광합성을 하는 생산자이다. 좀 더 정확히 말하면 지의류의 내부에 공생하는 미세조류나 남세균이 균류의 보호를 받으며 광합성을 한다. 광합성 능력은 상대석으로 낮아서 평균적인 식물의 10~50퍼센트 사이지만, 영하 18도에서도 광합성을 유지하는 놀라운 능력을 감안하면, 남극의 육상생태계에서 지의류들이 생산하는 유기물은 매우 소중한 에너지원이다.

둘째, 일부 지의류는 질소고정을 한다. 스스로 대기질소를 흡수하여 생물체가 이용 가능한 질산염으로 변환하는 능력을 질소고정능이라 하는데, 일부 지의류 내의 남세균은 질소고정능을 가지고 있다. 이러한 능력은 지의류 자체의 생장에 도움이 될 뿐 아니라 주변 다른 생물에게도 많은 도움을 준다. 예컨대 지의류가 만드는 질산염의 20퍼센트 정도는 비에 씻겨 나와 주변으로 방출된다. 이는 남극의 주요한 질산염 공급원이 된다.

셋째, 지의류는 동물에게도 유용한 존재다. 남극에 살고 있는 약 20여 종의 새들 중 일부는 *Usnea*나 *Himantormia*와 같은 수지상지의를 뜯어서 둥지를 만든다. 나무가 없는 남극에서 나뭇가지 형태의 가지를 만드는 수지상지의는 둥지를 만드는 좋은 재료가 된다. 통풍과 물빠짐, 보온성이 좋기 때문이다. 현지에서 흔하기 때문에 이들의 둥지가 주변 지의류와 선태식물에 묻혀 눈에 띄지 않게 해주는 보호색의 효과도 있다.

넷째, 지의류는 바위의 풍화작용을 촉진한다. 지의류가 분비하는 특수한 산은 바위를 산화시켜 토양의 생성을 가속화하여 다른 식물들의 정착을 돕는다.

지의류는 보통 바위, 건물, 묘비, 나무의 수피 등 건조하기 쉬운 장소에서 자란다. 이런 특징은 뛰어난 휴면 능력 때문이지만, 동시에 휴면 기간이 길기 대문에 남극의 지의류는 살아가는 기간의 대부분을 비활성 상태로 지내게 되고, 생장하는 기간이 매우 짧아서 자라는 속도도 느리다.

항상 그 자리에 가만히 있는 것처럼 보이는 지의류들의 생장 속도는 얼마나 느릴까? 무심코 밟고 지나가는 지의류는 얼마나 오랫동안 그 자리를 지켜왔을까? 이런 궁금증을 해결하기 위해 스페인 마드리드 콤플루텐세대학교 식물학과의 레오폴드 산초 박사 연구팀은 오랫동안 지의류들의 생장속도를 알아내는 연구를 진행하고 있다. 이들은 먼저 남극과 인접한 칠레 최남단의 티에라델푸에고 지역 지의류의 생장속도를 측정했다[3]. 사용된 연구방법 중 하나는 동일 지역에서 서로 다른 시기에 반복적으로 찍은 사진을 비교해서 지의류의 크기 차이를 알아내는 것이나. 이런 방법은 수로 바위에 붙어서 자라는 각상지의류에 적합하다.

그림 2-3

동일한 바위에서 찍은 *Rhizocarpon geographicum*의 사진 (a) 2008년 1월에 찍은 사진 (b) 2009년 12월에 찍은 사진. 둘 사이의 크기 차이는 (b)에서 회색 동그라미와 갈색 테두리로 구분할 수 있도록 하였다.

그림 2-3의 사진은 23개월의 차이를 두고 2008년 1월과(a) 2009년 12월에(b) 찍은 사진이다. (b)에서 회색으로 색칠된 부분은 2008년 1월의 지의류의 크기를 보여주는 것으로, 회색을 둘러싼 짙은 갈색 부분이 23개월동안 새로이 자란 부분이다. 이렇게 이미지상의 지의류 크기를 측정하여 해당 기간 동안의 생장속도를 측정했는데, *Rhizocarpon geographicum*은 1년간 0.63밀리미터, *Placopsis perrugosa*는 1년간 9.0밀리미터의 속도로 자란다는 것을 알 수 있었다. 하지만 지의류의 성장 속도는 지역이나 환경에 따라 달라질 수 있기 때문에 이들은 남극 대륙의 지의류에 대해 동일한 연구를 진행하였다[4]. 남극대륙에서도 건조하고 삭막하기로

극지과학자가 들려주는 남극 식물 이야기

유명한 남위 77도의 드라이밸리 지역 팔코너 산 정상에서 *Buellia frigida*라는 지의류를 대상으로 1980년부터 2005년까지 25년간의 생장을 조사하였다. 이 지역 지의류의 생장은

극단적으로 느려서 일부 개체의 경우 1년간 0.0038밀리미터밖에 자라지 못하는 것으로 밝혀졌고, 24밀리미터밖에 안 되는 개체의 나이가 무려 6517년으로 추정되었다. 이렇듯 우리의 예상을 훨씬 뛰어넘는 지의류의 수명과 생장속도는 우리가 극지방을 여행할 때 발 밑을 조심해야 하는 이유이기도 하다.

2 선태식물은 비관속식물이다

남극세종과학기지 주변에서 가장 흔하게 볼 수 있는 식물은 흔히 이끼로 알고 있는 선태식물이다. 선태식물은 한대, 온대와 열대 지역의 숲 등 전세계적으로 분포한다. 특히 일부 종은 진화 초기의 식물들이 겪었으리라 예상되는 극한 환경과 유사한 고도의 산 정상, 극지방과 툰드라, 사막과 같은 열악한 지역에 서식하기도 한다. 이들은 몸 속 수분의 대부분을 잃어도 죽지 않으며, 다시 수분이 주어지면 빠르게 세포를

활성화시킬 수 있기 때문에 매우 춥거나 아주 건조한 지역에도 살 수 있다. 이러한 능력은 현화식물이 갖지 못한 선태식물의 독특한 능력이다.

선태식물에 대해 이야기하기 전에 먼저 식물의 분류체계를 간단히 알아보자. DNA와 형태학적 특징을 이용하여 작성한 식물의 계통수에 따르면, 식물은 현존하는 차축조류를 닮은 어떤 조상으로부터 기원한 것으로 보인다. 전체 육상식물은 관다발과 종자의 유무에 따라 크게 세 그룹으로 나뉘는데, 관다발과 종자가 모두 없는 선태식물, 관다발은 있지만 종자가 없는 무종자관속식물, 관다발과 종자를 모두 가진 종자식물로 구분한다. 관다발과 종자에 대해서는 뒤에서 자세히 다룰 것이다. 식물의 공통조상으로부터 가장 먼저 진화되어 육상생활에 적응한 식물이 선태식물로, 약 4억7천만 년 전 지구상에 출현한 것으로 추정된다. 최근 식물학에서는 현화식물이 진화과정에서 어떤 특성을 얻고 잃었는지를 알기 위한 비교대상으로 선태식물에 대한 관심이 커지고 있다.

선태식물은 선류, 태류, 각태류의 세 가지로 나눈다.

현존하는 선태식물은 3개 그룹으로 나누어진다. 솔이끼로 대표되는 선류는 1만2천여 종, 우산이끼로 대표되는 태류는 6500여 종, 뿔이끼로 대표되는 각태류는 약 100여 종이 전세계적으로 분포한다. 이들 외에 영문 이름에 이끼를 뜻하는 moss가 붙는 생물들도 일부 있다. 일례로 적조류에

극지과학자가 들려주는 남극 식물 이야기

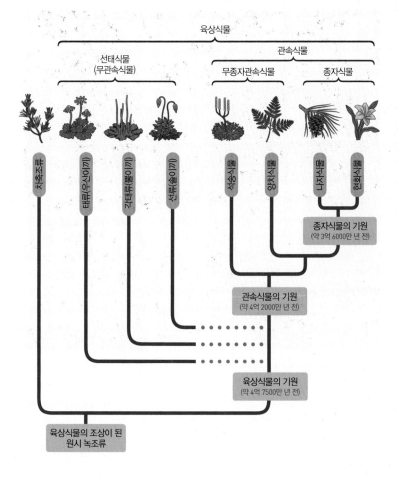

그림 2-4

식물의 계통수. 선태식물과 무종자관속식물, 그리고 종자식물의 진화적 유연관계를 그림으로 표현한 것이다.

선태식물은 크게 3가지로 나누어진다. (a) 대표적 선류인 솔이끼 *Polytrichum commune* (b) 대표적 태류인 우산이끼 *Marchantia polymorpha* (c) 대표적 각태류인 뿔이끼 *Anthoceros punctatus*

속하는 식용 바닷말Irish moss, 지의류인 꽃이끼reindeer moss, 석송류인 석송club moss, 현화식물인 소나무겨우살이Spanish moss 등은 관습적으로 "이끼"라는 이름으로 불려왔지만 실제 선태식물로 분류되지는 않는다.

선태식물의 분류학적 특징

일반적으로 선태식물의 모양은 우리 주변에서 흔히 볼 수 있는 꽃을 피우는 식물, 즉 현화식물과 확연히 다르다. 하지만 솔이끼를 비롯한 일부 종의 잎은 현화식물과 매우 유사해서 때로는 현화식물인지 선태식물인지 구분하기 어려울 때도 있다. 그렇다면 이들과 현화식물을 구분하는 특징은 어떤 것일까?

선태식물과 그 외의 식물을 구분하는 가장 큰 특징은 목질화된 관다발의 존재 유무다.

> 선태식물은 다른 식물과 달리 목질화된 관다발이 없다.

목질화된 관다발을 가지는 양치식물과 현화식물 등을 관속식물이라 하고 그렇지 않은 선태식물은 비관속식물이라 한다. 관다발이란

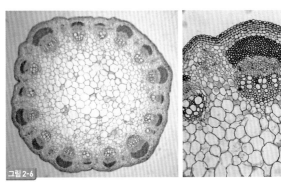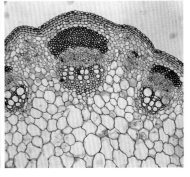

그림 2-6

현화식물인 알팔파의 줄기 내부. 표피 바로 안쪽에 원형으로 둘러가며 관다발이 분포하는 것을 볼 수 있다. 표피세포와 관나발내 세포층에 리그닌이 축적되어 있어 붉은색으로 염색이 되어 있음에 주목하자.

식물의 줄기 내의 물과 양분의 수송 기능에 특화된 조직으로 물관부와 체관부를 포함한다.

그림 2-6은 콩과식물인 알팔파의 줄기 단면이다. 줄기 표피 근처에 붉은색으로 염색되어 둥그렇게 배열되어 있는 것들이 관다발이나. 좀 더 확대한 사진에서 줄기 마깥쪽으로 작은 세포들이 빽빽한 부분은 체관부로, 잎에서 만들어진 광합성 산물을 비롯한 각종 양분을 수용액 상태로 이동시키는 통로다. 그리고 줄기 안쪽으로 상대적으로 큰 세포들로 구성된 부분은 물관부로, 물과 무기염류를 식물체 곳곳으로 운송하는 역할을 한다. 특히 물관부는 리그닌이라는 방수성 화합물이 전체적으로 코팅되어 있다. 리그닌은 물관부를 딱딱하게 만들어 식물 전체를 지지하는 힘을 만들어준다. 알팔파처럼 리그닌 코팅이 이루어진 경우를 목질화된 관다발이라 한다.

식물은 관다발을 통해 나무의 끝까지 물과 양분을 공급한다. 중력을 거슬러 물을 이동시킬 수 있는 힘은 물의 응집장력에 의한 수분포텐셜에서 찾을 수 있다.

식물은 관다발을 통해 땅속 뿌리부터 높이 10미터가 넘는 나무 꼭대기까지 물과 양분을 이동시킬 수 있다. 이처럼 중력을 거슬러 물을 이동시킬 수 있는 힘의 근원은 무엇일까?

이 물음에 대한 답을 제공하는 것이 응집장력설이다. 이 이론은 식물 내 물의 수송 원리를 오직 물의 물리화학적 특이 성질에 기반해서 설명한다.

첫 번째 물의 특징은, 수분포텐셜이 높은 곳에서 낮은 곳으로 이

극지과학자가 들려주는 남극 식물 이야기

동한다는 것이다. 수분포텐셜(Ψ)은 순수한 물의 값을 0으로 지정했을 때, 단위 부피의 수용액 내 물이 가지는 잠재적 에너지로 정의된다. 직관적으로 이해하자면, 동일한 공간 내에 순수한 물의 양이 많을 수록 수분포텐셜 값은 커지고, 반대의 경우는 작아진다. 따라서 수용액의 수분포텐셜 값은 용질의 농도가 높을수록 작아지고 용질의 농도가 낮을수록 커지므로, 물은 저농도 수용액에서 고농도 수용액으로 이동하게 된다. 공기의 경우 습도가 높을수록 수분포텐셜 값은 커지고, 습도가 낮을수록 값은 작아진다. 그림 2-7과 같이 U자관 중간에 반투막을 설치하여 용질은 이동할 수 없고 용

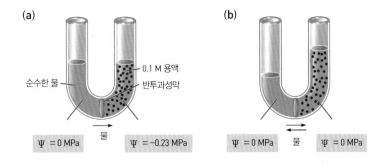

그림 2-7

수분포텐셜 차이에 의한 물의 이동. U자관 중간에 용질은 이동할 수 없는 반투과성막을 설치하고 양쪽에 용액의 농도차가 존재하는 경우, 물은 수분포텐셜 차이로 인해 용액의 농도가 낮은 곳에서 높은 곳으로 이동한다.

매인 물만 이동할 수 있는 환경을 만들어주고 왼쪽에는 순수한 물, 오른쪽에는 고농도의 수용액을 넣어주면, 용질이 포함된 수용액의 수분포텐셜이 낮으므로 물은 오른쪽으로 이동하게 되어 U자관 양쪽의 수위가 달라지는 것을 실험적으로 확인할 수 있다.

우리나라의 후덥지근한 여름날 약 80퍼센트의 습도를 포함하는 공기의 수분포텐셜은 -30 정도다. 수분포텐셜의 차이는 식물의 잎에서 공기 중으로 물이 증발하는 증산작용을 가능하게 한다. 수분포텐셜 값은 잎(-1.3)에서 줄기(-0.9), 뿌리(-0.4), 그리고 토양(-0.3)으로 갈수록 높아지기 때문에 물은 반대로 토양으로부터 뿌리, 줄기, 잎, 공기의 순서로 이동하게 된다. 즉 순차적인 수분포텐

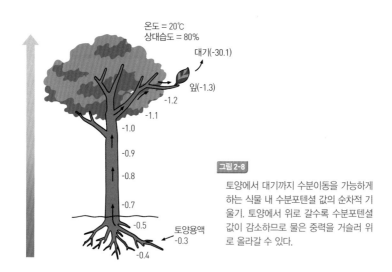

온도 = 20℃
상대습도 = 80%

대기(-30.1)

잎(-1.3)

-1.2

-1.1

-1.0

-0.9

-0.8

-0.7

-0.5

토양용액
-0.3

-0.4

그림 2-8

토양에서 대기까지 수분이동을 가능하게 하는 식물 내 수분포텐셜 값의 순차적 기울기. 토양에서 위로 갈수록 수분포텐셜 값이 감소하므로 물은 중력을 거슬러 위로 올라갈 수 있다.

셜 값의 기울기로 인해 물은 중력을 거슬러 이동할 수 있고, 수분 포텐셜의 차이는 물의 이동을 위한 추진력으로 작용한다.

두 번째 물의 특징은 응집력과 부착력이다. 물 분자는 수소결합 덕분에 서로를 끌어당기는 응집력이 크다. 응집력이 물 분자 간의 결합력이라면, 부착력은 물 분자와 물관과의 결합력을 의미한다. 물 분자의 강한 응집력과 부착력은 물이 물관에 강하게 달라붙을 수 있게 해주어 물기둥이 끊기지 않게 해준다. 그 결과로 식물체 관다발 내의 물기둥은 한 줄의 실과 같은 물리적인 성질을 갖게 된다. 잎의 기공을 통해 증산이 일어나게 되면 실을 잡아당기는 것과 같은 효과가 나게 되어 실 전체, 즉 잎에서 줄기, 뿌리까지 이어진 물기둥이 위쪽으로 이동하게 된다.

그렇다면 목질화된 관다발이 없는 선태식물은 어떻게 물을 수송할까? 솔이끼는 관다발과 유사한 조직을 가지고 있다. 줄기의 중심부에는 하이드로이드라고 하는 세포가 밀집된 부분이 있는데, 이는 관다발의 물관과 유사한 기능을 수행한다(그림 2-9). 하지만

관다발이 없는 솔이끼는 그와 유사한 하이드로이드라는 물관 역할을 하는 조직이 있다. 하지만 솔이끼는 기공이 없어 증산작용을 할 수 없다. 물을 끌어올리는 추진력이 매우 약하다. 선태식물은 대부분의 물을 표피세포에서 직접 흡수한다.

리그닌으로 목질화되지 않기 때문에 붉은색으로 염색되지 않는다는 점에서 관속식물의 물관부와는 뚜렷이 구분된다. 또한 솔이끼는 포자체 외에는 기공이 없어 증산작용이 일어나지 않는다. 즉, 물기

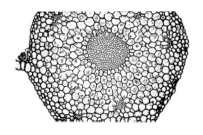

그림 2-9

솔이끼 줄기의 내부 구조. 중심부에 작은 세포들이 모여있는 부분이 하이드로이드라 불리는 관다발과 유사한 조직이다. 관속식물과는 달리 리그닌이 쌓이지 않아서 붉은색으로 염색이 되지 않는다.

둥을 끌어올릴 수 있는 힘이 상대적으로 작다. 그래서 선태식물은 높이 자라지 못한다. 대신 이들은 온몸의 표피세포에서 외부로부터 직접 물을 흡수할 수 있다.

선태식물과 관속식물의 또 다른 차이점은 세대교번에 있다. 세대교번이란 이배체(핵상 2n) 세대와 반수체(핵상 1n) 세대가 번갈아 나타나는 생활사로 식물의 고유한 특징이다. 핵상이란 한 세포가 가지고 있는 염색체의 상대적인 수 또는 상태로 정의된다. 모든 생물의 세포핵에는 염색체라는 형태로 DNA가 고밀도로 겹쳐 있고 생물의 일생을 결정하는 유전정보가 저장되어 있다. 예를 들어 사람의 경우 하나의 세포에는 46개의 염색체가 존재한다. 각 염색체는 짝을 이루고 있어서 23개 염색체를 1세트라고 보면 2세트의 염색체를 가지게 되므로 2n=46이라고 표현한다. 자식들이 부모를 닮지만 부모와는 또 다른 형태와 성격을 가질 수 있는 것은 엄마와 아빠로부터 각각 1세트씩의 염색체를 물려받아 새로운 조합을 이루기 때문이다. 이러한 유성생식의 과정은 종내에서 개체의 다양성을 높여준다. 사람의 몸을 구성하는 대부분의 세포를 체세포라 하는데, 이들은 2벌의 염색체를 모두 가지기 때문에 핵상을 2n으로 표기한다. 하지만 정자와 난자와 같은 생식세포들은 감수분열을 통해 만들어진 1세트의 염색체만을 가지는 세포들이어서 1n의 핵상을 가지게 되고, 이들이 만나 수정란이 되었을 때 비로소 2세트의 염색체를 모두 가지는 2n의 핵상으로 돌아가게 된다. 사람의 몸은 핵상이 2n인 체세포로 구성된 이배체이고, 체세포의 감수분열로 만들어진 단세포의 생식세포는 수정을 통해 다시 이배체가 된다. 따라서 다세포의 반수체 세대가 존재하지 않기 때문에 사람의 경우 세대교번을 하지 않는다.

세대교번을 좀 더 자세히 이해하기 위해 관속식물의 대부분을 차지하는 현화식물의 경우를 살펴보자(그림 2-10). 우리 눈에 보이는 식물의 몸은 핵상이 2n인 체세포들로 구성되어 있다. 식물의 생식기관인 꽃의 암술에서는 사람의 난자에 해당하는 난세포를 만들고, 수술에서는 사람의 정자에 해당하는 정세포를 만든다. 그리고 정세포와 난세포가 만나는 수정을 통해 2n의 접합자(배)가 만들어지고, 종자로 발달한다. 사람의 경우 생식세포는 체세포 감수분열의 직접적인 산물이지만 식물의 경우 포자라는 중간 단계를 거치게 된다. 암술 내의 특수한 세포인 대포자체(2n)는 감수분열을 통해 대포자(1n)를 만든다. 대포자는 일련의 유사분열을 거쳐 사람의

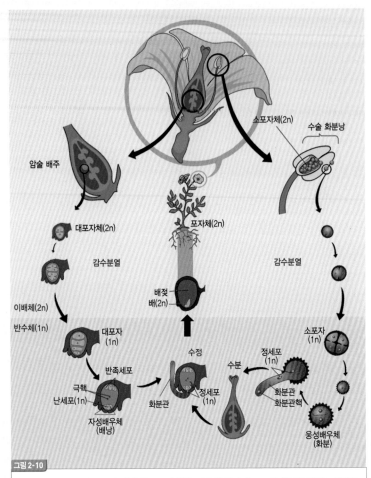

암술 배주

소포자체(2n)

수술 화분낭

대포자체(2n)

감수분열

포자체(2n)

감수분열

이배체(2n)

배젖
배(2n)

소포자
(1n)

반수체(1n)

대포자
(1n)

수정

정세포
(1n)

반족세포

수분

극핵
난세포(1n)

정세포
(1n)

화분관
화분관핵

화분관

자성배우체
(배낭)

웅성배우체
(화분)

그림 2-10

현화식물의 생활사. 포자체 시기에는 2n의 핵상, 배우체 시기에는 1n의 핵상을 가지는 세대교
번을 한다. 일생의 대부분을 2n의 배수체로 지내면서 반수체(1n) 시기는 현미경적 수준으로
매우 축소되어 있다.

난자에 해당하는 난세포를 만든다. 수술에서는 소포자체(2n)의 감수분열로 소포자(1n)를 만들고, 이후 유사분열을 거쳐 사람의 정자에 해당하는 정세포가 만들어진다. 이렇게 식물의 생활사에서 생식세포가 만들어지기 전 반수체의 다세포체 시기를 반수체 세대 또는 배우체 세대라 하고, 수정된 접합자 이후 종자가 만들어지고 다시 싹이 나서 꽃이 피는 시기까지를 이배체 세대 또는 포자체 세대라 한다. 현화식물은 일생의 대부분이 포자체 세대이고 배우체 세대는 매우 축소되어 현미경 수준에서만 이루어지기 때문에 우리 눈에 보이는 것은 모두 포자체 세대다.

선태식물은 현화식물과는 달리 우리 눈에 보이는 개체는 핵상이 1n인 세포로 이루어진 배우체 세대이다(그림 2-11). 솔이끼는 암배우체와 수배우체로 구분되는 두 가지 서로 다른 배우체를 만든다. 암배우체의 정단부에는 꽃의 암술에 해당하는 조란기가, 수배우체의 정단부에는 꽃의 수술에 해당하는 조정기가 만들어진다. 조정기에서 감수분열 없이 생성된 정자는 운동성을 가지고 있어서 물을 타고 암배우체의 조란기로 이동해서 난세포와 만나 수정된다. 수정을 통해 핵상이 2n으로 바뀐 접합자는 세포분열을 거듭하여 배우체의 정단부에서 포자체로 자라나고 결국에는 현화식물의 열매에 해당하는 포자낭을 만든다. 포자낭의 내부에서 감수분열을

식물과 선태식물은 세대교번 방식에서도 구분된다. 선태식물은 우리 눈에 보이는 배우체가 1n이다.

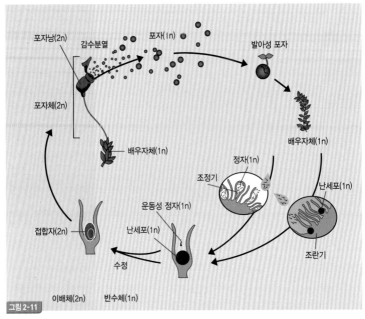

포자낭(2n) 감수분열 포자(1n) 발아성 포자

포자체(2n) 배우자체(1n) 배우자체(1n)

정자(1n)
조정기
난세포(1n)

접합자(2n) 운동성 정자(1n) 난세포(1n) 조란기

수정

그림 2-11 이배체(2n) 반수체(1n)

선태식물의 생활사. 현화식물과 마찬가지로 세대교번을 하지만 일생의 대부분을 1n의 핵상인 배우체로 보내고, 포자를 형성하는 포자체 시기에만 2n의 핵상을 가지므로 현화식물과는 구분된다.

통해 핵상이 1n인 포자가 만들어지고, 이 포자는 발아하여 다시 배우체를 형성한다.

이처럼 현화식물과 선태식물의 생활사는 세대교번을 한다는 점에서 공통적이지만 현화식물은 일생의 대부분을 포자체의 형태로 지내는 반면, 선태식물은 배우체가 생활사의 주된 부분을 차지하는 것이 가장 큰 차이점이다. 이러한 생활사의 차이는 선태식물과

극지과학자가 들려주는 남극 식물 이야기

현화식물이 육상생활에 적응하기 위해 선택한 전략의 차이와 관련이 깊다. 현화식물은 암수 배우자가 만나는 과정을 꽃이라는 매우 한정된 공간에서 일어나도록 변화했고, 화분에 암술이 전달되는 과정도 바람이나 곤충을 이용하는 등 다양한 방법을 발달시켜 유성생식에 많은 힘을 기울여 왔다. 유성생식이 촉진되면 그만큼 다양성도 높아져서 다양한 환경에 적응할 수 있는 가능성을 높이게 되어, 그들의 조상이 물 속이나 물이 풍부한 환경에서만 살 수 있었던 데 반해, 현화식물은 현재와 같이 다양한 기후조건에 적응할 수 있게 되었다.

선태식물은 그들의 조상보다는 덜하지만 여전히 물이 많은 환경을 선호하는 경우가 많다. 솔이끼의 경우 유성생식을 할 때 정자와 난자가 만나기 위해서는 운동성의 정자가 물을 타고 난자가 있는 곳까지 이동해야 하기 때문에 물에 대한 의존도가 높다. 또한 현화식물처럼 고도로 발달한 관다발이 없어서 물이 적은 곳에서 물을 보존하고 활용하는 능력도 떨어진다. 대신 이끼는 수분이 없을 때 휴면에 들어가는 능력을 키웠다. 그래서 몇 달 또는 몇 년 동안 휴면상태로 지내다가 물이 충분한 환경이 되면 금새 되살아나서 성장하고 번식할 수 있는 놀라운 능력을 가지게 되었다. 또한 물이 부족한 환경에서 유성생식의 한계를 극복하기 위해, 이들은 몸의 일부만 떨어져 나가도 새로운 개체로 자랄 수 있는 능력을 강화하

였다. 이처럼 현화식물과 선태식물은 오랜 지구의 역사 동안 서로 다른 전략을 택해서 진화를 거듭해 왔고, 둘 다 성공적으로 현재의 환경에 적응해서 살고 있다. 그런 면에서 어떤 생물이 더 고등하고 어떤 생물이 하등하다는 식의 표현은 적절하지 않다.

남극 선태식물의 역사와 다양성

2007년 한국 극지연구소의 김지희 박사 연구팀은 남극세종과학 기지 주변을 조사하여 30여종의 선태식물을 보고한 바 있다[5]. 그중 흔히 볼 수 있는 것은 넓은 카펫 형태로 자라는 낫깃털이끼와 동그 란 공 모양의 쿠션 형태를 형성하는 은이끼, *Chorisodontium acyphyllum* 등이다. 또한 삐죽한 모양 때문에 눈에 잘 띄는 산솔 이끼와 *Bartramia patens* 등도 쉽게 찾아볼 수 있다. 현재까지 남 위 60도 이상의 남극 지역에는 약 110여 종의 선태식물이 분포하 는 것으로 알려졌다. 전세계적으로 선류만 1만2천여 종이 알려진 데 비하면 남극 지역의 다양성은 상대적으로 매우 낮다.

이처럼 낮은 다양성의 원인은 실제 분포하는 종이 적기 때문이 기도 하지만, 짧은 연구 역사와 열악한 자연환경 때문에 타 지역에 비해 활발히 연구되지 못한 측면도 크다. 남극 선태식물 연구의 역 사는 채 200년이 되지 않는다. 영국의 상선 윌리엄스 호는 1819년 10월 16일 남극세종과학기지가 위치한 남쉐틀랜드 군도의 킹조지 섬에 상륙했다. 킹조지 섬이라는 명칭도 이때 영국과 아일랜드의 통합을 이루어 대영제국을 건설한 영국 왕 조지 3세의 이름을 따서 명명되었다. 1821년 출판된 윌리엄스 호의 항해 기록에는 당시 외과의로 승선했던 애덤 영의 짧은 메모가 실려있는데, 이것이 남극 선태식물에 관한 최초의 기록이다.

우리는 식생이라고 할 만한 것을 볼 수 없었다. 바위틈새 두텁게 쌓인 바닷새들의 배설물 위에서 드물게 보이는 작은 풀과, 바위에 붙어 자라는 이끼 한 종을 발견했을 뿐이다.

비슷한 시기에 유사한 보고들이 몇 가지 나왔지만 모두 학문적 수준의 기술은 아니었고 식물표본이 만들어지지도 않았다. 최초의 남극 선태식물 표본에 대한 기록은 1833년에 작성되었다. 1829년부터 1831년에 걸쳐 진행된 미국의 탐험원정에 참여한 박물학자 제임스 에이트는 다음과 같은 기록을 남겼다.

솔이끼와 비슷한 이끼 한 종, 한두 종의 지의류와 푸쿠스해초 등을 해안가에서 발견할 수 있었다. 여기에 드문드문 보이는 작은 크기의 벼과 귀리속의 식물을 더하면 이 섬의 식물리스트는 완성된다.

이때 에이트는 산솔이끼의 표본을 제작하여 미국 워싱턴 자연사 박물관과 뉴욕식물원에 기탁하였고, 낫깃털이끼의 표본도 함께 제작하여 뉴욕식물원에 기탁하였는데 이것이 최초의 남극 이끼 표본이 되었다.

그 후 아문젠과 스코트로 유명해진 영웅의 시대를 거쳐, 남극의 선태식물 연구는 폴란드의 리사르드 오히라 박사에 의해 집대성되었고, 위에 제시된 남극 선태류 역사 이야기를 포함한《남극 선태식물 도감 *The Illustrated Moss Flora of Antarctica*》가 2008년 출간되었다.[6]

온대지방과 뚜렷이 구분되는 남극 식생의 특징은 현화식물이 아닌 선태식물이 생물량이나 생산력 면에서 우점하고 있다는 것이다. 따라서 선태식물은 남극 육상에서 가장 주요한 1차생산자다.

> 남극 식생의 가장 큰 특징은 육상의 주요 1차생산자가 선태식물이라는 점이다. 선태식물은 주변 환경에서 무기양분을 능동적으로 흡수하기 때문에, 환경오염의 지표로 활용되기도 한다.

또한 선태식물은 남극 생태계 내 물질 순환의 주요 구성원이다. 이들은 주변 환경으로부터 무기양분을 능동적으로 흡수하여 체내에 고농도로 축적한다. 이렇게 축적된 양분은 식물이 마르거나 죽게 되면 미생물에 의해 분해되어 주변 식생의 생장에 큰 도움을 준다. 또한 선태식물의 체성분을 분석하면 주변 환경의 오염 정도를 판단할 수 있어 환경오염의 지표로 활용되기도 한다.

빙퇴지역에서 발견되는 일부 선태식물은 질소고정 박테리아와 공생하기도 한다. 이들은 질소원이 부족할 때 특정 화학물질로 주변 토양의 질소고정 박테리아를 능동적으로 유인해서 체내로 끌어들인다. 공생하는 질소고정 박테리아가 생산한 질산염의 80퍼센트 정도는 숙주에게 흡수되기 때문에, 질소원이 척박한 환경에서 선태식물은 다른 종보다 먼저 정착하는 개척종이 될 수 있다. 이들의 사체가 충분히 쌓이면 주변 토양의 질소원도 그만큼 풍부해져 다른 식생이 들어오게 되는 자연적인 식생 천이가 이루어진다.

동물들도 남극의 이끼를 활용한다. 남극에는 초식동물이 존재하지 않는다. 따라서 먹이로 이용되기보다는, 갈색도둑갈매기, 윌슨바다제비, 남방큰재갈매기 등의 새들이 둥지를 조성할 때 이끼를 재료로 활용한다. 이들은 선태식물이 풍성하게 자란 곳을 선택해서 둥지를 만들거나, 바위틈에 이끼를 주워모아 알을 품고 새끼를 키운다.

남극 반도 지역은 전세계에서 가장 빠른 기후변화를 보이는 지역 중 하나로, 1950년대 이래 10년마다 0.56도 정도 연평균 기온이 상승했다. 이곳의 기후변화는 서식하는 동식물의 생태와 생리적 반응에 큰 영향을 미치기 때문에 기후와 생물반응의 연관성 조사는 매우 중요하다. 영국 극지연구소의 제시카 로일스 박사는 남극 반도 서쪽에 위치한 알렉산더 섬에서 1860년대부터 꾸준히 생

(a)

(b)

A

성장률
(mm/년)

8

6

4

2

0

1850   1900   1950   2000

연도(서기)

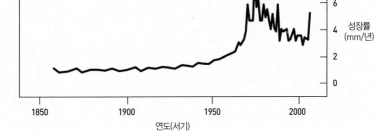

그림 2-12

(a) 남극 반노 알렉산너 섬에 형성된 *Polytrichum strictum*의 피트층 (b) 방사성 탄소 연대 측정법으로 알아낸 시기별 생장 속도. 1960년대 이후 생장률이 3배 이상 급격히 증가했는데, 최근의 온난화 시기와 높은 상관성을 보인다.

장해 온 솔이끼류의 일종인 *Polytrichum strictum* 군락을 발견했다. 이 종의 개체는 하나의 긴 줄기로 되어있고 해마다 조금씩 위쪽 방향으로 줄기성장을 한다. 가장 윗부분은 활발한 대사가 이루어지는 살아있는 조직이지만, 5센티미터만 아래로 내려가면 줄기가 갈색으로 죽어있는 피트층으로 바뀐다. 제시카 로일스 박사와 영국 엑서터대학교의 매튜 에임스버리 박사는 이 이끼군락을 수직으로 가로지르는 코어를 뚫어서 시기별 생장속도를 분석하였다[7]. 흥미롭게도 1960년대를 기점으로, 그 이전 150년에 비해 이후 50년 동안 이끼의 생장이 급격히 빨라졌는데, 이 시기는 온난화 현상으로 남극의 연평균기온이 증가한 시기와 일치한다(그림 2-12). 이 연구는 장기간 동안의 기후변화가 식물의 생장속도에 미치는 영향을 알고자 할 때 선태식물이 좋은 지표가 될 수 있음을 보여주었다.

2014년 영국의 리딩대학교와 극지연구소의 피터 컨베이 박사 연구팀은 남극의 얼음 속에서 1500년 동안 동면한 이끼를 되살리는 데 성공했다[8]. 그 이전에도 오랫동안 얼음이나 땅 속에 갇혀있던 종자가 발아하거나, 조직배양을 통해 개체를 살리는 데 성공한 적은 있었지만 1000년이 넘는 기간을 동면한 식물조직이 스스로 자라난 것은 처음이다. 이들은 남위 60도에 위치한 시그니 섬에 넓게 분포하는 이끼 *Chorisodontium aciphyllum*을 연구대상으로 이용하였다. 이 지역의 이끼는 오랜 세월 동안 한자리에서 생장과

극지과학자가 들려주는 남극 식물 이야기

(a) 피터 컨베이 박사 연구팀이 남극 시그니 섬의 *Chorisodontium aciphyllum* 이끼 군락지에서 동토층을 포함하는 피트층의 코어를 들어내고 있다. (b) 동토층에 갇혀 얼어있던 피트층. 짙은 갈색의 얼음으로 보인다. (c) 1500년 이상 얼음 속에 갇혀있던 피트층에서 이끼들이 다시 자라났다.

휴면을 거듭하면서 1미터 깊이 이상의 피트층을 만들어 왔다. 30센티미터만 내려가도 꽁꽁 얼어 동토층에 갇혀있는데, 위쪽의 생장부를 포함한 1.5미터 깊이의 동토층 코어를 영국의 실험실로 옮긴 다음, 식물이 생장할 수 있는 조건에서 배양하였다. 방사성탄소 연대측정법으로 확인한 결과 코어의 가장 깊은 부위는 적어도 1530년 전에 형성된 것으로 판명되었는데, 놀랍게도 이 부분을 포함한 여러 코어 조각에서 새로운 이끼가 자라났다(그림 2-13). 1500년이라는 기간은 기존에 사람들이 예상했던 다세포성 식물체의 동면 가능 한계를 훨씬 능가하는 것이다. 이

> 1500년 이상 얼어있던 동토를 녹이자, 새로운 이끼가 다시 살아났다. 빙하기를 견뎌내고 따뜻해졌을 때 선태식물이 다시 자랄 수 있다는 가능성을 제시한다.

결과는 몇 천 내지 몇 만 년 정도의 소빙하기를 선태식물이 견뎌낼 수 있다는 가능성을 제시하여, 남극 육상 식생의 기원과 관련된 중요한 실마리를 던져주었다.

또한 저온의 남극에서는 미생물에 의한 선태식물의 분해속도가 매우 느리다. 때문에 이 결과는 남극의 선태식물이 대기 탄소원의 상당 부분을 잡아두어 대기중 이산화탄소 농도의 증가 속도를 늦추는 역할도 할 수 있음을 시사한다.

선태식물은 크게 선류, 태류, 각태류로 구분되며 약 1만8천여 종이 전세계적으로 알려져 있고, 남극 킹조지 섬에서는 약 70여 종이 알려졌다. 이들은 양치식물이나 현화식물과는 달리 리그닌으로 목질화된 관다발이 없고, 세대교번 과정에서 일생의 대부분을 차지하는 것은 포자체 세대가 아니라 핵상이 1n인 배우체 세대다.

남극의 선태식물은 육상생태계에서 주된 1차생산자로서의 역할에 더불어 질소와 탄소 순환과정에 큰 역할을 하며 남극 새들의 둥지 재료가 되는 등 다양한 생태적 기능을 가지고 있다. 지구온난화와 연관된 선태식물의 생장속도 변화, 1500년 이상 얼음 속에서 동면할 수 있는 뛰어난 재생능력 등 남극 선태식물에 대한 비밀이 하나씩 밝혀지고 있지만, 선태식물의 뛰어난 환경적응력에 비해 지금까지 밝혀진 내용은 문자 그대로 빙산의 일각에 불과하기에, 앞으로의 심층적인 연구가 절실히 필요하다.

극지과학자가 들려주는 남극 식물 이야기

3 남극좀새풀과 남극개미자리는 현화식물이다

앞서 살펴본 선태식물은 목질화된 관다발을 갖지 않는 대표적인 비관속식물이다. 그렇다면 목질화된 관다발을 갖는 관속식물은 어떤 것들이 있으며 남극에서는 얼마나 많은 관속식물을 만날 수 있을까? 이 장에서는 관속식물의 분류가 어떻게 이루어지는지, 선태식물과 현화식물의 차이는 무엇인지를 간단히 살펴본 후 남극 식물의 특성에 대해 알아보자.

일반적으로 우리가 알고 있는 식물들은 모두가 목질화된 관다발을 가지는 관속식물이라 해도 과언이 아닐 만큼 현재의 지구생태계에서 관다발은 식물의 생장에 필수적이다. 식물계에서 관속식물

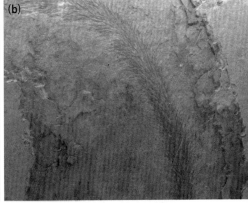

그림 2-14

(a) 대표적 석송식물인 석송 (b) 최초의 석송식물로 알려진 *Baragwanathia longifolia*의 화석

양치식물의 일종인 (a) 솔잎란*Psilotum undum* (b) 속새*Equisetum hyemale*

은 종자의 유무에 따라 종자를 만들지 않는 석송식물과 양치식물,
종자를 만드는 나자식물(겉씨식물)과 현화식물(피자식물, 속씨식물)
로 나누어진다.

석송으로 대표되는 석송식물은 약 4억 1천만 년 전쯤 전 지구상
에 출현한 가장 오래된 최초의 관속식물이다. 전세계적으로 1200
종 정도가 알려져 있다. 이들은 역사가 오래된 만큼 현존하는 것보다
멸종된 종이 훨씬 많다. 실루리아기 지층에서 화석으로 발견된
*Baragwanathia longifolia*는 알려진 최초의 석송식물이면서, 관다
발 조직을 포함하는 최초의 식물 화석으로 알려져 있다(그림 2-14).

솔잎란, 속새, 고사리 등이 속한 양치식물은 약 1만 2천 종이 현

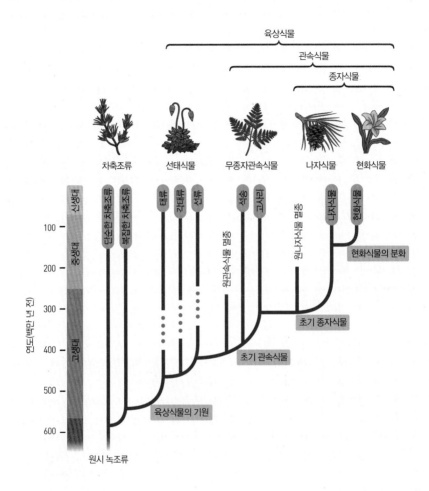

육상식물

관속식물

종자식물

차축조류　　　선태식물　　　무종자관속식물　　　나자식물　　현화식물

신생대

중생대

고생대

연도(백만 년 전)

100
200
300
400
500
600

단순한 차축조류
복잡한 차축조류

태류
각태류
선류

원관속식물 멸종

석송
고사리

원나자식물 멸종

나자식물
현화식물

현화식물의 분화

초기 종자식물

초기 관속식물

육상식물의 기원

원시 녹조류

그림 2-16

육상식물의 계통도. 관속식물은 종자의 유무에 따라 종자를 만들지 않는 석송식물과 양치식물, 종자식물인 나자식물과 현화식물로 나누어진다.

존한다. 열대성 식물인 솔잎란은 잎과 뿌리 없이 줄기만 자란다. 위로 자라는 지상 줄기는 광합성을 수행하고, 엽록체가 없는 지하의 수평줄기는 지속적으로 새로운 줄기를 만들어 새로운 개체를 만든다. 우리나라에는 제주도에서 유일하게 1종만이 보고되었다. 말의 꼬리처럼 생겼다 해서 horsetail이라는 영문명이 붙은 속새는 아주 작은 크기로 퇴화된 잎을 가지고 있다. 솔잎란과 속새도 석탄기에는 나무처럼 크게 자라는 종들이 많았지만 오늘날에는 초본성의 작은 속새만이 존재한다.

한국인에게 먹거리로 친숙한 고사리는 양치식물의 대부분을 차지할 만큼 많은 종이 존재한다. 열대지방에서 가장 다양하지만 온대지방의 숲에도 많으며, 매우 건조한 지역에 서식하는 종도 있다. 산에서 자주 만나게 되는 고사리의 잎을 뒤집어보면 약간은 징그

그림 2-17
(a) 고사리의 전형적인 잎 모양 (b) 고사리 잎 뒷면에 달려있는 낭퇴

극지과학자가 들려주는 남극 식물 이야기

러운 벌레나 알처럼 생긴 덩어리가 모여있는 것을 볼 수 있다(그림 2-17). 이것은 포자를 담고 있는 포자낭이 조밀하게 모여있는 낭퇴이다. 고사리로 대표되는 양치식물은 선태식물처럼 종자가 아닌 포자로 번식하기 때문에 종자식물과 구분된다.

양치식물은 선태식물처럼 포자로 번식하지만 현화식물처럼 목질화된 관다발을 가지고 있다는 점에서 선태식물에서 현화식물로 변화하는 과도기적 특징을 가지고 있다. 또한 양치식물의 생활환에서도 과도기적 특징을 볼 수 있다. 우리가 알고 있는 양치식물의 형태는 주로 2n의 핵상을 가지는 포자체로 가시적인 형태의 대부분이 포자체라는 점에서 현화식물과 유사하지만, 여전히 1n의 핵상을 가지는 배우체 역시 생활사의 상당 부분을 차지한다는 점에서 선태식물의 특징을 일부 가지고 있다(그림 2-18).

> 양치식물은 목질화된 관다발을 갖고 있지만, 선태식물처럼 포자로 번식한다. 식물 진화과정의 과도기적 특징을 갖고 있다고 할 수 있다.

양치식물과 석송식물은 현재의 숲에서는 주연이 아니지만 고생대에는 전세계를 점령한 대표 식물군이었다. 특히 고생대의 데본기와 페름기 사이, 약 3억 6천만 년 전부터 3억 년 사이의 석탄기는 이들의 최고 번성기였다.

식탄기라는 이름은 유럽과 북미의 여러 지층에서 발견되는 석탄층이 대부분 이 시기에 생성되었기 때문에 붙여졌다. 특별히 이 시

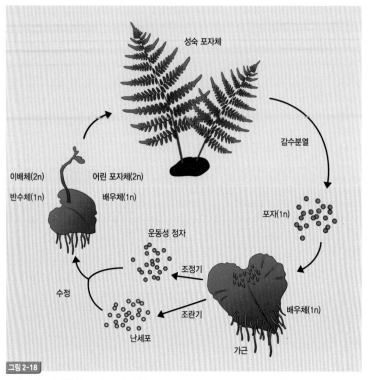

성숙 포자체

감수분열

이배체(2n)
반수체(1n)

어린 포자체(2n)
배우체(1n)

포자(1n)

운동성 정자

조정기

수정

조란기

배우체(1n)

난세포

가근

그림 2-18
양치식물의 생활환. 현화식물과 마찬가지로 포자체가 주를 이루지만, 여전히 배우체 역시 생활
사의 상당 부분을 차지하고 있어, 현화식물과 선태식물의 과도기적 특징을 보인다.

기에 석탄층이 활발히 생성될 수 있었던 이유는 크게 3가지다. 첫
째, 다양한 석송식물과 양치식물이 거대한 수목의 형태로 광대한
숲을 이루고 있어서 석탄의 재료가 되는 탄소유기물의 양이 매우
풍부했다. 둘째, 당시의 식물들은 현존하는 근연종에 비해 수피가

두껍고 리그닌이 풍부했다. 오늘날 나무 줄기의 리그닌 함량이 약 20~30퍼센트인데 비해, 그 당시에는 38~58퍼센트 정도였던 것으로 확인되었다. 셋째, 석탄기 중반 이후 진행된 기후변화와 지각변동으로 인해 밀림이 무너지고 식물들이 땅 속 깊이 파묻히게 되었다. 특히 석탄기 후기에 닥친 빙하기는 페름기에 관찰되는 대규모 멸종을 야기하였다. 이 시기 빈번했던 지각 변동으로 육상과 해양의 지각이 여러 차례 뒤집히면서 층층이 쌓여 있던 식물들은 더욱 깊은 땅 속으로 파묻혔다. 넷째, 리그닌 함유량이 높은 수목들을 분해할 수 있는 박테리아나 곤충 등이 거의 없어서 그 시절의 나무들은 썩지 않고 오랜 세월 땅 속에서 유지될 수 있었다. 매몰된 나무들은 높은 압력으로 통나무가 숯이 되듯 석탄으로 변했다. 현재 지구상에 이용 가능한 석탄의 대부분은 이 시기에 생겨난 것이라고 한다. 이렇듯 석송식물, 양치식물 등의 무종자식물은 오래 전 지구의 생물상을 떠받치고 유지하던 에너지원이었고, 현재에는 사람이 이용 가능한 석탄의 형태로 관계를 맺어오고 있다.

포자로 번식하는 무종자식물과는 달리, 관속식물의 대부분을 차지하는 종자식물은 종자로 번식을 한다. 종자는 종자식물과 무종자식물을 구분하는 가장 중요한 진화적 특징이다. 종자는 "영양조직으로 둘러싸이고 종피로 봉해진 배(접합자로부터 발달한 이배체성

> 관속식물의 대부분을 차지하는 종자식물은 종자로, 무종자식물은 포자로 번식한다.

미성숙 포자체)"로 정의된다. 배는 일반적으로 유근이라 불리는 미성숙 뿌리, 상배축이라 하는 지상부 정단분열조직, 하나 혹은 여러 개의 자엽으로 구성된다. 반면 포자는 "둘러싸는 영양조직이 없는 단세포, 반수체성 미성숙 배우체"로 종자와는 확연히 구분된다.

식물이 종자를 가지게 되면서 육상 환경 적응에 도움이 되는 여러 이점을 갖게 되었다. 첫째, 종자의 단단한 껍질은 기계적 손상이나 동물의 포식으로부터 배를 보호해 주어 생존율을 높여주었다. 둘째, 이동할 수 있는 범위가 확연히 넓어졌다. 단풍나무의 종자는 바람을 타고 날아갈 수 있도록 날개와 유사한 구조를 가지고 있다. 동물의 도움을 받기도 한다. 사향고양이가 커피 열매를 먹으면 과육은 체내에서 소화되지만 단단한 껍질을 가진 종자는 그대로 배설된다. 그렇게 커피 종자는 원래 나무에서 멀리 떨어진 곳으로 이동하게 된다.

셋째, 휴면이라는 방식을 통해 장기간 비활동 상태로 머물다가 이상적인 온도, 햇빛 또는 습도 조건을 만나면 발아과정이 진행된다. 넷째, 발아시 배를 둘러싼 영양조직은 유식물에게 에너지를 공급한다. 이는 초기 광합성을 진행할 때까지 안정적인 양분을 보장해 주어 성공적인 정착을 돕는다.

이렇듯 종자의 도움을 받아 육상의 환경조건에 더욱 잘 적응하게 된 종자식물은 꽃이 없는 나자식물과 꽃이 있는 현화식물로 나넌다. 나자식물의 종자는 우리가 흔히 알고 있는 열매처럼 과육으로 감싸져 있지 않다. 대신 솔방울 모양의 구과를 구성하는 잎과 비슷한 구조(포자엽)의 표면에 붙어있다. 성숙한 나자식물의 종자는 포자엽에서 분리되면 바로 주변 환경으로 흩어지도록 노출되어 있기 때문에, 종자가 열매 안에 숨어있는 현화식물과는 다르다.

나자식물은 크게 소철류, 은행나무, 침엽수로 구분된다. 대략 300종이 알려진 소철은 야외 조경 식물로도 유용하고, 열대와 아열대 지역에서 주로 자란다. 소철은 야자수와 비슷하게 잎이 퍼져 있고 화려한 구과 등 흥미로운 외형을 가진다. 소철의 영문명인 Cycad는 야자나무를 뜻하는 그리스어에서 유래하였다. 사람들은 종종 비슷한 외형 때문에 야자나무와 소철을 구별하기 힘들어 하는데, 소철은 나자식물이지만 야자나무는 엄연한 현화식물이다.

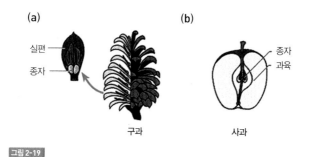

그림 2-19

(a) 나자식물인 소나무와 (b) 현화식물인 사과나무의 종자 보관 형태 차이

또 다른 나자식물인 은행나무는 전세계에 *Ginkgo biloba* 단 1종만이 분포한다. 하지만 여러 가지 잎 모양의 은행나무 화석이 발견되는 것으로 보아, 이들이 고생대 후반 페름기에 발생한 후 여러 종이 존재했지만 이후 빙하기를 거치면서 대부분 멸종한 것으로 추정된다. 현재의 은행나무는 화석에서도 동일한 모양으로 발견되기 때문에 흔히 살아있는 화석이라고도 불린다.

침엽수는 나자식물 중 가장 다양한 종을 포함하는 분류군으로, 현재 500종 이상이 세계적으로 분포하고 있다. 우리 주변에서 흔히 볼 수 있는 종은 소나무, 측백나무, 메타세콰이아 등이고 남반구에서 흔한 호주삼나무도 대표적인 침엽수다. 솔방울로 대표되는 침엽수의 구과는 이들의 주요한 형태적인 특성이다.

흔히 침엽수를 상록수라 부르지만 사실은 활엽수처럼 가을과 같은 특정 시기에 대규모로 잎이 떨어지지 않을 뿐이고 부분적으로 잎은 끊임없이 잎이 떨어지고 교체된다. 이들은 활엽수에 비해 추운 지역에서 잘 견딜 수 있도록 여러 측면에서 적응해 왔다. 첫 번째, 겨울에도 잎이 초록색으로 유지된다. 초록색의 잎이 활발한 광합성을 보장하지는 않지만, 겨울동안 최소 수준의 광합성만 유지하다가, 봄이 왔을 때 새로이 잎을 만들어야 하는 활엽수보다 더 빨리 광합성을 시작할 수 있는 장점이 있다. 두 번째, 바늘처럼 생긴 잎의 모양이 표면적을 최소화하여 증발로 인한 물의 손실을 효과

그림 2-20

발견된 현화식물 화석 중 가장 오래된 *Achaefructus liaoningensis*의 화석. 1억2500만 년
전의 것으로 추정되는 중국의 퇴적층에서 발견되었다. 옆의 그림은 재구성한 식물의 모형도

적으로 막아준다. 추위로 인해 물이 얼게 되면 이용할 수 있는 액체
상태의 물이 줄어들어 건조한 환경이 되기 때문에 물의 손실을 최
소화하도록 특화된 것이 침엽수의 잎이다.

소철, 은행나무, 침엽수 등의 나자식물은 고생대 말엽 페름기에
출현하여 중생대에 번성했다. 고생대를 지배했던 석송식물과 양치
식물의 대부분은 고생대 후기 빙하기를 견디지 못하고 사라졌지
만, 빙하기를 견뎌낸 나자식물의 종자는 온화한 기후의 중생대 트
라이아스기를 맞아 번성하게 되었다. 한 시대를 지배하는 식물상
이 기후변화와 종자의 유무로 완전히 뒤바뀌게 된 것이나.

이후 현화식물이 출현한 것은 나자식물과 공룡의 시대로 잘 알

려진 중생대 후반 백악기다. 현존하는 현화식물의 화석 중 가장 오래된 것은 약 1억2500만 년 전에 만들어진 것으로 추정되는데 이때는 백악기의 초반부에 해당한다(그림 2-20).

하지만 백악기 말인 6500만 년 전, 전지구적 대재앙인 소행성 충돌이 일어났다. 오늘날 멕시코 반도 유카탄 반도 북쪽 바닷가에는 직경이 180킬로미터에 달하는 대충돌의 흔적이 남아있는데 당시 소행성의 크기는 10킬로미터 내외였던 것으로 추정된다. 이러한 소행성의 충돌은 사실 빈번하게 일어나는 일이어서, 1908년에도 시베리아 통구스카 지역에 직경 50미터로 추정되는 소행성이 지상 8킬로미터 상공에서 폭발하기도 했다. 당시의 폭발은 제주도 넓이의 산림을 폐허로 만들어 버렸다. 하지만 중생대 말기에 충돌한 소행성은 유례를 찾기 힘든 대규모였기 때문에 당시 지구 생물의 70퍼센트를 멸종시킨 것으로 학자들은 추정한다. 이때 중생대를 우점했던 수많은 나자식물과 초기 피자식물도 급작스럽게 멸종되어 버렸다. 하지만 일부 무종자식물과 현화식물이 살아남았고, 이들이 현존 식물의 조상이 되어 신생대 이후의 지구를 점거하게 된 것이다.

현재 알려진 현화식물은 약 23만5천 종이다. 이토록 다양한 현화식물의 체계적인 분류를 위해 전세계 식물학자들은 Angiosperm Phylogeny Group^APG이라는 모임을 비정기적으로 개최하여 현화식물의 유연관계에 대한 계통도를 작성한다. 1990년대 후반 최초의 모임에서 APG I 시스템이 발표되었고, 이후 두 번의 개정을 거쳐 작성된 최신본은 2009년의 APG III 시스템이다[9]. 이에 따르면 현화식물은 기저피자식물, 목련분계군, 단자엽식물, 진정쌍자엽식물 등 4개 그룹으로 나뉜다.

종다양성 측면에서 보면 현화식물의 대부분은 단자엽식물과 진정쌍자엽식물에 포함된다. 단자엽식물이 약 22퍼센트, 진정쌍자엽

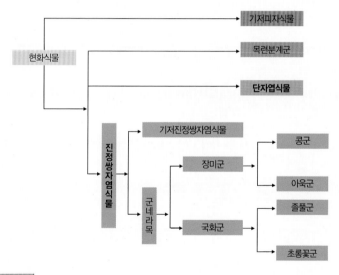

그림 2-21

APG III 체계에 따른 현화식물의 분류. 진정쌍자엽식물이 전체 현화식물의 75%를 차지한다.

식물은 현화식물의 약 75퍼센트를 차지하기 때문에, 이 책에서는 전체 현화식물의 97퍼센트를 구성하는 이 두 가지 분류군에 대해 좀 더 자세히 살펴보자.

단자엽식물(또는 외떡잎식물)은 전체 현화식물의 22퍼센트를 차지하며 약 5만6천 종을 아우른다. 하위 분류군에서 가장 큰 과科는 난과로 약 2만 종이 포함된다. 난과 식물은 지금도 활발히 육종되고 있어서 종수는 꾸준히 증가하고 있다. 두 번째로 큰 과인 벼과는 9500종의 식물을 포함한다. 벼과식물은 보리, 옥수수, 귀리, 벼, 호밀, 밀 등의 곡류와 산업적으로 중요한 여러 작물을 포함하기 때문에 인류의 먹거리와 산업을 책임지는 매우 중요한 식물이다.

(a) (b)

그림 2-22

(a) 이끼 사이에서 자라난 남극좀새풀 (b) 남극세종과학기지가 위치한 바톤 반도의 남극좀새풀 군락지 모습

극지과학자가 들려주는 남극 식물 이야기

남극에는 단 두 종의 현화식물이 분포하는 것으로 알려져 있는데 그 중 하나가 벼과식물인 남극좀새풀*Deschampsia antarctica*이다. 가늘고 긴 형태의 잎을 가진 다년생 초본인 남극좀새풀은 남위 60도 이남에 서식하는 유일한 단자엽식물이다. 남극의 일년 중 눈이 녹아내리는 여름철 해안가 주변에서 다른 선태식물, 지의류와 함께 발견된다. 일부 지역에서는 상당히 큰 군락을 이루기도 하는 등 남극 지역에서 가장 잘 적응한 현화식물이다.

> 남극에는 2종류의 현화식물이 산다. 남극좀새풀과 남극개미자리다.

남극좀새풀은 남극 고유식물이지만 분포지역이 남극에 국한되지

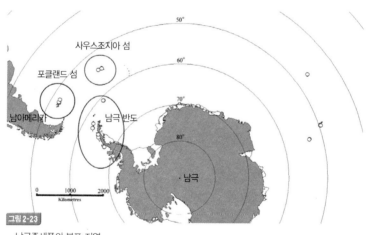

그림 2-23

남극좀새풀의 분포 지역

않고, 남극 주변 섬들인 포클랜드 섬, 사우스조지아 섬, 사우스오크니 섬과 남미 끝자락인 티에라델푸에고 지역에서도 찾을 수 있다. 하지만 주된 서식지는 남극 반도의 서부 해안가와 주변 섬들이다.

남극좀새풀의 번식은 크게 두 가지 방법으로 이루어진다. 첫 번째는 종자에 의한 번식이다. 남극좀새풀 역시 현화식물이기 때문에 여름에 꽃을 피운다. 하지만 대부분의 꽃은 열리지 않은 채 내부에서 자가수분이 이루어지고 열매를 맺는다. 여름철 바톤 반도 해안가의 이끼 군락은 수분과 온도가 상대적으로 잘 유지되기 때문에 종자 발아에 좋은 조건이어서, 새로 자라난 어린 남극좀새풀을 쉽게 발견할 수 있다. 번식의 두 번째 방법은 개체가 쪼개지거나 뽑혀서 새로운 곳에 정착하게 되는 영양번식이다. 남극좀새풀처럼 수염뿌리의 형태를 갖는 단자엽식물은 곧은뿌리의 당근이나 민들레보다 한 개체가 여러 조각으로 나누어졌을 때 생존 성공률이 높다. 남극도둑갈매기 등 새들의 둥지 주변에서도 새로 자라난 남극좀새풀 군락을 종종 볼 수 있다. 남극의 새들은 둥지를 짓기 위해 이끼나 지의류를 사용하는데, 그 과정에서 남극좀새풀도 뿌리채 뜯겨 함께 딸려가기 때문이다. 뿌리가 뽑힌 개체는 남극의 강한 바람을 타고 좀 더 멀리 이동해 정착하기도 한다.

남극좀새풀은 낮은 온도에서도 생리 활동을 유지할 수 있는 능력이 뛰어나다. 남극좀새풀의 광합성 최적 온도는 13도이지만 0도에서도 약 30퍼센트의 광합성을 유지한다고 알려져 있다. 남극좀새풀이 만들어내는 결빙방지단백질은 영하의 온도에서 세포에 치명적인 큰 얼음 결정이 생기지 않는다. 즉, 얼음으로 인한 물리적 손상을 최소화하는 능력도 뛰어나다. 또한 매우 강한 광량이나 낮은 온도에서 광합성 속도가 저해되는 광저해 현상이 두드러지게 낮아서 극한 환경에서도 상대적으로 높은 수준의 광합성을 유지할 수 있다. 이러한 남극좀새풀의 뛰어난 극한 적응능력의 비밀은 다음 장에서 좀 더 자세히 살펴보겠다.

진정쌍자엽식물은 현화식물 전체의 75퍼센트인 대략 19만 종을 포함한다. 실로 현대의 지구환경에 최적화되어 있는 식물의 형태

그림 2-24

(a) 바톤 반도에 서식하는 남극개미자리 개체의 둥근 형태와 (b) 여름철에 핀 남극개미자리의 꽃

다. 단자엽식물이 우리의 주식을 포함한다면 진정쌍자엽식물은 우리가 먹는 과일, 채소 등과 다양한 화훼작물 등을 포함한다.

남극에 서식하는 현화식물인 남극개미자리Colobanthus quitensis는 별꽃, 패랭이꽃 등이 속한 석죽과 식물로 남극에 분포하는 유일한 진정쌍자엽식물이다(그림 2-24). 남극개미자리는 둥근 반구형으로 밀집되어 자라는데, 35년에서 40년까지도 살 수 있는 것으로 알려졌다. 남극에서 남극개미자리의 분포범위는 남극좀새풀과 거의 같아서 주로 남극 반도의 서쪽 해안과 주변 섬 지역에 집중되어 있고, 알려진 남쪽 한계는 남위 70도 부근 알렉산더 섬의 라자레브 만 부근이다. 하지만 남극 이외 지역의 분포는 남극좀새풀보다 좀더 넓어서 남미의 멕시코와 에쿠아도르, 볼리비아, 칠레, 페루의 고산지대에서도 발견된다.

그렇다면 서로 다른 지역에 살고 있는 남극개미자리는 모두 같은 특징을 가지고 있을까? 아니면 지역별 군집은 그 지역에 특화된 생리적 특징을 가지고 있을까? 이러한 물음을 해결하기 위해 칠레 콘셉시온대학의 에르네스토 지아놀리 박사 연구팀은 남극 해안가와 칠레 중부 안데스 지역에 서식하는 남극개미자리 군집의 생리적인 특징을 연구해 왔다. 두 군집을 실험실로 가져와서 4도에서 배양한 결과, 저온처리 기간이 길어질수록 두 군집 모두 영하의 온도에서 살아남는 가능성이 점점 높아지는 특징을 보였다[10].

극지과학자가 들려주는 남극 식물 이야기

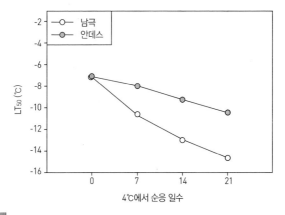

그림 2-25

에르네스토 지아놀리 팀의 연구 결과, 남극에 서식하는 남극개미자리 식물체 군집이 안데스에
서식하는 군집에 비해 더 낮은 결빙온도를 버틸 수 있는 것으로 나타났다.

하지만 낮은 온도를 버틸 수 있는 능력의 범위에서는 차이가 있음
을 알게 되었다. 테스트한 식물체 중 절반이 살아남는 온도를 LT_{50}
라고 하는데, 이 값이 낮을수록 결빙온도에 대한 저항성은 높다. 그
런데 실험 결과 안데스 군집에 비해 남극군집이 저온에서의 LT_{50}
값이 3~4도 정도 더 낮은 것으로 나타났다. 또한 유전자 염기서열
비교를 통해 종합적으로 판단했을 때 저자들은 이 두 군집을 서로
다른 생태종으로 판단하였다.

생태종ecotype은 한 종에 속하는 식물들이 오랜 기간 시로 다른
기후와 지역에서 서식하면서 생물학적 특징이 달라진 것을 말하는

한 종의 식물이 기후와 토양이 다른 지역에서 각각 자라 생물학적 특징이 달라졌을 때, 생태종이라 한다. 유전자 변화에 의한 이런 외부 특징은 유전되며, 생태종간 교잡은 가능하다.

데, 식물학 연구에서 오랫동안 과학자들의 연구대상이 되어 온 애기장대의 경우 수십여 가지 생태종들이 알려져 있다. 서로 다른 지역에서 채취된 애기장대 생태종들은 형태와 크기에 있어서 상당한 차이를 보이는데, 온실로 가져와서 같은 환경에서 키우더라도 그 차이가 유지된다. 이러한 차이는 식물이 가지는 몇 가지 유전자에 생긴 변화에 의한 것이고 유전자의 변화는 다음 세대로 전해지기 때문에 지속적으로 유지된다. 그리고 서로 다른 생태종간 교잡은 얼마든지 가능하기 때문에 이들이 서로 다른 종으로 취급되지는 않는다. 하지만 오랜 시간 더 많은 유전자의 변화가 축적되면 더 이상 같은 종으로 취급될 수 없는 수준에 이르러 서로 다른 종으로 분리되기도 한다.

남극좀새풀이 종자번식과 영양번식 두 가지 전략을 모두 구사하는 한편, 남극개미자리는 다른 진정쌍자엽식물과 마찬가지로 곧은 뿌리를 가지는 식물이어서 영양번식 성공율이 높지 않다. 남극개미자리가 남극에서 사용하는 주된 번식방법은 유성생식과 종자에 의한 번식이다.

남아메리카 남쪽 끝에 위치한 티에라델푸에고 지역의 남극개미자리는 열매 하나에 40개 이상의 종자가 담긴다[11]. 온도가 낮을수록 종자의 발아 성공률은 급격히 낮아지기 때문에, 남극에서 남극개미자리 종자의 발아는 그 해의 평균 기온과 밀접하게 관련되어 있다. 연구결과에 따르면 종자 발아 성공률의 편차는 해마다 매우 심하다. 평균적인 남극의 환경에서 남극개미자리가 꽃을 피우더라도 종자가 발아하는 경우는 매우 드물어서 성공률은 0에 가깝다. 하지만 예외적으로 환경이 온난한 해에는 종자가 발아하고 유식물이 자라서 새로운 군집을 형성한다. 그래서 남극 지역에서 남극개미자리의 새로운 개체는 매년 만들어지지 않는다. 하지만 몇 년에 한번씩 찾아오는 따뜻한 해에, 남극개미자리의 유식물은 성공적으로 자랄 수 있다. 이처럼 제한적인 영양번식과 낮은 종자 발아 성공률이 남극 지역에서 남극개미자리의 개체수가 남극좀새풀에 비해 현저히 적은 이유일 것이다.

지금까지 우리는, 남극에 서식하는 지의류와 선태식물, 그리고 현화식물의 현재 식물분류학 체계 내에서의 구분법과 특징들을 살펴보았다. 남극은 다른 지역보다 식물이 살기에 매우 열악해서, 그 안에 서식하는 식물의 수와 범위도 매우 제한적인 것이 사실이다. 하지만 이들 식물은 남극의 생태계 유지를 위한 생산자라는 중요한 역할을 수행하며, 스스로 생장하고 번식한다. 다음 장에서는 이들 식물이 남극에서 생존할 수 있는 특별함에 대해 인류가 밝혀온 비밀을 하나씩 정리해 보자.

현재까지 알려진 남극에 서식하는 현화식물은 남극좀새풀과 남극개미자리 단 두 종이다. 왜 이 지역에 단 두 종의 현화식물만이 살고 있는지에 대해서는 지금도 많은 과학자들이 궁금해하는 수수께끼 중 하나다. 이와 연관된 또 하나의 의문은 외부에서 유입된 식물이 남극에 정착할 수 있을지에 관한 것이다. 그 동안 몇 차례 아남극 지역에 서식하는 식물을 인위적으로 남극에 옮겨 심어서 그들의 정착 가능성을 시험한 적이 있었으나, 모두 실패에 그치고 말았다. 하지만 인위적인 의도 없이 우연히 외부로부터 유입된 식물들이 남극에서 자라나서 발견된 보고들이 있어서 주목받고 있다.

남극에는 단 2종의 현화식물만이 살고 있다고 알려져 있다. 왜 그럴까? 인위적으로 남극에 외래종을 옮겨 심었지만 모두 실패했다. 하지만 최근 인간 활동이 늘어나고 온난화가 지속되면서 외래종 유입 사례가 나타나고 있다.

가장 대표적인 사례는 새포아풀*Poa annua*에 관한 보고이다. 새포아풀은 전세계에 널리 분포하는 다년생 벼과식물로, 1953년 디셉션 섬의 폐쇄된 고래잡이기지 주변에서 처음 발견되었다. 그 후 성공적으로 꽃을 피워 종자를 생산하고 조금씩 개체를 늘려가다가 1967년 11월에 발생한 디셉션 섬 화산 폭발로 모두 사라져 버렸다. 하지만 1985년 킹조지 섬의 폴란드 아르토스키 과학기지 앞에서 다시 발견되었고, 이후 조금씩 개체를 늘려가다가 급기야 2008년에는 기지에서 1.5킬로미터 떨어진 이콜로지 빙하의 후퇴 지역까지 번식처가 확대되었다[12]. 새로이 발견된 개체들은 바람에

남극 킹조지 섬의 폴란드 기지인 아르토스키 기지 주변에서 발견된 새포아풀 개체들

의해 퍼진 것으로 추측되는데, 여기서 주목해야 할 것은 이들이 단순히 생장하는 데 그치지 않고 원거리로 퍼져나갔다는 것이다. 이들이 더욱 넓은 지역으로 퍼져나갈 가능성이 있음을 시사하기 때문이다.

또 다른 외래종은 전세계적으로 널리 분포하는 왕포아풀*Poa pratensis*로, 1955년 남극 반도 북서지역 단코 해안의 시에르바 포인트에서 최초 발견된 이래 현재까지 유지되고 있다. 하지만 새포아풀과는 달리 왕포아풀의 분포는 그 지역에 국한되어 다른 곳으로 확산되지는 않았는데, 남극의 환경이 이들의 성공적인 개화와 종자 생산에 적합하지 않기 때문이기도 하고, 그 지역의 인간 활동이 상대적으로 적었기 때문이다.

그림 2-27

(a) 디셉션 섬 웨일러스 만에서 발견된 국화과 식물인 *Nassauvia magellanica*
(b) 남극 킹조지 섬의 토양에서 자라난 애기골풀*Juncus bufonius*의 꽃

더불어 2009년에는 원래 티에라델푸에고 지역에 널리 서식하는 국화과식물인 *Nassauvia magellanica*와 *Gamochaeta nivalis*가 디셉션 섬에서 발견된 바 있고, 킹조지 섬에서 가져온 토양에서 벼과식물인 애기골풀이 자라나 과학자들을 놀라게 한 적도 있다[13,14].

이처럼 반복적으로 외래식물이 남극으로 유입되고 새로운 개체가 정착에 성공한다는 것은 그만큼 외래종 유입에 대한 관리가 쉽지 않음을 반증한다. 그렇다면 외래식물의 유입을 초래하는 원인은 무엇일까? 알려진 가장 주된 원인은 과학자들의 출입과 과학기지의 운영과 관련된 인간 활동이다. 남극의 과학기지처럼 끊임없이 과학자들이 출입하고 다른 대륙으로부터 물자가 유입되는 곳은 외래식물과 종자 유입의 위험이 항상 존재한다. 실제 남극에 출입하는 과학자들의 피복을 조사한 결과 평균 1인당 5-6개 정도의 종자와 식물 파편들을 포함하는 것으로 알려져 충격을 주기도 했다. 두 번째 원인은 늘어나는 남극의 관광객들이다. 국제남극관광협회를 통한 남미 최남단의 티에라델푸에고에서 남극 반도 지역으로의 관광이 최근 급속히 증가하고 있어서, 이들에 의한 외래식물 유입의 가능성도 함께 증가하고 있다.

남극과 같이 단순한 형태의 육상생태는 외래식물의 유입에 취약할 수밖에 없다. 외래종은 고유종에 비해 잠재적인 경쟁관계에서 유리한 점이 많아서 고유종에 심각한 위협이 되기 때문이다. 지금까지는 척박한 기후 탓에 외래종의 정착이 매우 제한적이었지만, 지구온난화로 남극의 기온이 계속 상승한다면 상황은 크게 달라질 수 있다. 따라서 남극고유식물을 보호하고 남극의 환경을 유지하기 위한 정책적인 노력도 진행 중이다. 일례로 남극좀새풀 최대군락지가 있는 사우스오크니 군도의 린치 섬 주변은 남극특별보호구역으로 지정되어 집중적으로 관리되고 있고 인간 활동을 최소화하고 있다. 하지만 지금의 관리시스템을 좀 더 체계화하고 과학자들의 출입과 관광객들의 방문시 피복에 대한 멸균과정을 좀 더 강화하지 않는다면 현재 남극의 풍경이 미래에는 존재하지 않을지도 모른다.

3장

남극에서 생존하기 위한
식물의 전략

남극의 식물은 영하의 낮은 기온, 오존홀까지 생겨 더욱 강해진 자외선, 뿌리채 뽑힐 정도로 매섭게 휘몰아치는 바람을 어떻게 이겨낼까요? 남극은 생명체가 살기에는 너무나도 혹독한 환경입니다. 기온, 바람, 자외선, 수분, 그 어느 것 하나 호의적이지 않습니다. 하지만 강인한 생명력은 이 모두에 적응할 수 있는 나름의 생존 전략을 마련했습니다. 그래서 얼지 않고, 마르지 않고, 자외선에 타지도 않고 끈질기게 살아갈 수 있습니다.
이번 장에서는 남극 식물의 놀라운 생명력의 비밀을 하나하나 짚어 봅니다. 그들의 광합성은 어떻게 다른지, 자외선으로부터 자신의 몸을 어떻게 지켜내는지, 영하의 날씨에도 어떻게 얼지 않을 수 있는지 알아봅니다.

우리가 매일 먹는 쌀도,
남극의 식물들처럼 추위에도 잘 견디고, 가물어도
잘 자랄 수 있다면 얼마나 좋을까?
상상만은 아닙니다.
남극 식물의 유전자를 벼에 이식하는 시도를
우리가 하고 있습니다.

남극은 지구상에서 가장 춥고, 건조하고, 바람이 거센 곳이다. 또한 남극해라는 거대한 바다에 가로막혀 다른 대륙과의 왕래도 자유롭지 않은 동떨어진 곳이다. 이곳에 살고 있는 식물은 생존의 한계선에서 하루하루를 치열하게 보내고 있다. 남극에서 식물이 살 수 있도록 땅이 노출되는 곳은 전체 대륙의 2퍼센트에 불과하다. 생장할 수 있는 기간 또한 남극의 여름철인 12월에서 2월 사이 약 3개월에 불과하다. 그나마 생장이 허락되는 이 기간에도 남극 식물은 낮은 온도, 계절간 극심한 기후 차이, 지속적으로 내리쬐는 햇빛과 빈번하게 몰아치는 차가운 바람과 맞서야 한다. 식물이 이러한 곳에서 살아갈 수 있는 비결, 그 자체가 남극을 연구하는 과학자들의 주된 관심사이다. 이번 장에서는 남극의 식물들이 이토록 제한적인 환경에서 살아가기 위해 갖추고 있는 그들의 전략에 대해 밝혀진 내용을 정리해 보자.

남극의 식물은 혹독한 환경을 버티기 위해 종마다 서로 다른 전략을 가지고 있기 때문에 수십 가지의 적응 전략을 얘기할 수 있지만 그 중 가장 쉽게 눈에 띄는 것은 그들의 형태적인 특징이다.

남극의 식물은 키가 작다. 지의류나 선태식물은 대부분 바위, 돌멩이, 땅에 붙어서 자라고, 현화식물인 남극좀새풀과 남극개미자리도 그 키는 10센티미터를 넘지 않는다. 흡사 빽빽한 잔디밭의 형태로 보이는 선태식물의 몸 길이는 종종 1미터를 넘기도 하지만 맨 위쪽 5센티미터 정도만 광합성을 하는 살아 있는 부분이고, 그 아래 대부분은 동토층 안에 갇혀 1년 내 꽁꽁 얼어서 지낸다.

현화식물인 남극좀새풀과 남극개미자리를 남극 환경보다 훨씬 생장에 유리한 곳으로 옮겨서 키우게 되면 이들의 형태는 확연히 달라진다(그림 3-1)[15]. 이처럼 주어진 환경에 따라 형태를 변화시키는 것을 형태적 가소성 plasticity 또는 형태적 유연성이라 하는데, 쾌적한 환경을 찾아서 이동할 수 있는 동물과 달리 한 곳에서 정착해서 살아야 하는 식물의 대표적인 환경적응 능력이다.

남극의 건조하고 춥고 바람부는 환경에 적응하기 위해, 남극 식물은 바위나 땅에 붙어 자라거나 키기 10cm를 넘지 않게 아주 작다.

남극좀새풀을 남극보다 생장에 훨씬 유리한 환경으로 옮겨 키우면 형태가 확연히 달라진다. 이렇게 환경에 따라 형태를 변화시키는 것을 형태적 가소성 혹은 유연성이라고 한다. 동물처럼 이동할 수가 없어 한 곳에 정착해 살아야 하는 식물의 환경적응 능력이다.

1cm   1cm

그림 3-1

(위) 남극 킹조지 섬에서 자라는 남극좀새풀과 남극개미자리 (아래) 15도 온실에서 자라는 같은 식물들. 남극에서 자란 식물에 비해 위쪽으로 키가 커지고 생장속도도 빨라진다.

바닥에 붙어 자라면서 잎이 옆을 향하게 되면 열의 손실을 줄이는 동시에 햇빛을 흡수하는 면적을 최대로 넓힐 수 있다. 지표면 부근은 그 위쪽보다 대기의 움직임이 적기 때문에 바람의 세기가 약해져 차가운 바람에 체온을 뺏기는 효과가 한결 덜하다. 실제로 온도를 측정해 보면, 시표에서 약 1.5미터 높이의 공기보다 지표에 붙어있는 식물체의 온도는 훨씬 높아서 섭씨 약 5~25도, 종종 강한 햇볕을 받는 동안은 섭씨 30~40도까지 올라가기도 한다.

남극의 선태식물은 빽빽하게 모여 자라서 체온을 보호한다. 이들은 동그란 쿠션 형태(그림 3-3), 빽빽히 들어찬 카펫의 형태로 뭉쳐서 자라는 경우가 많다. 좁은 공간에 고밀도로 들어찬 줄기와 잎이 열의 손실을 막아준다. 특히 기온이 영하로 떨어지는 밤에도 영

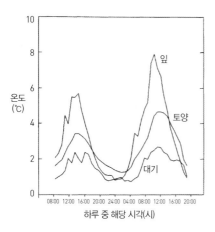

그림 3-2

남극 현장에서 측정한 대기, 토양, 남극좀새풀 잎의 온도 변화. 대기에 비해 약 4-5도 정도 온도가 높게 유지된다.

극지과학자가 들려주는 남극 식물 이야기

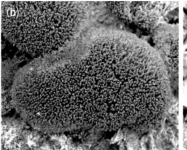

공 모양의 쿠션 형태를 이루는 남극의 선태식물 (a) *Chorisodontium aciphyllum* (b) *Syntrichia filaris* (c) *Andreaea regularis*

상의 기온을 유지할 수 있어 더 오랜 기간 광합성과 생장활동이 가능해진다.

남극 식물의 서식지는 수분과 밀접하게 연관되어 있다. 상대적으로 기후가 양호한 해양성 남극 지역을 제외하면, 남극의 식생은 대부분 해안선을 따라 노출된 일부 지역과, 드라이밸리, 빙하 지역의 누나탁에 국한된다[16]. 많은 경우 연간 강수량은 200밀리미터를 밑돌고, 이마저 대부분 비가 아닌 눈으로 내린다. 영하의 온도로 대부분의 물은 눈과 얼음 상태로 존재해서 식물이 이용할 수 없기 때문에 남극대륙은 사실상 지구상에 존재하는 가장 거대한 사막이다. 식물이 이용할 수 있는 액체 상태의 물은 주로

> 남극 대부분의 지역은 연간 200밀리미터 미만의 강수량이라, 거대한 사막이라 할 수 있다. 그래서 남극에서 수분은 식물의 생장을 결정하는 핵심 요인 중 하나다.

눈이 녹아 흐르는 물인데, 이는 여름에 국한된다. 남극에서 수분은 식물의 생장을 결정하는 가장 주된 요인 중 하나다.

남극 선태식물의 분포는 물을 만날 확률이 높은 곳에 집중되어 있다. 선태식물의 생물량은 여름철 주기적으로 눈 녹은 물을 접할 수 있는 호숫가나 작은 물줄기 주변에 가장 많다. *Leptobryum wilsonii*는 아예 호수 밑에 자리잡아 기둥 형태로 자란다. 물 속에 서식하면 수분을 쉽게 얻을 뿐 아니라 물 밖에서 발생할 수 있는 극단적인 온도 변화를 막아주고 물의 자외선 차단 효과도 얻을 수 있다는 이점이 있다. 이렇게 직접적으로 물이 풍부한 곳 외에, 바위 틈새에 붙어 서식하는 선태식물도 많다. 바위가 햇빛과 바람을 막아 차가운 바람에 의한 체온 저하와 강한 빛에 의한 건조 위험을 감소시켜 주기 때문이다.

물이 풍부한 지역에 서식하는 경우 여러 이점을 갖는 동시에, 체내에 얼음 결정이 생겨 세포에 상처를 줄 수 있는 위험 또한 증가한다. 이러한 위험을 피하기 위해 건조저항성이 뛰어난 검은이끼는 훨씬 더 건조한 노출된 바위에 서식한다. 따라서 여름철 내내 물이 풍부한 곳에서부터 바위 위 완벽히 노출된 매우 건조한 지역까지 선태식물은 남극의 다양한 곳에 분포한다.

남극의 선태식물은 완전 건조 후 다시 수분을 공급해 주었을 때 단 몇 시간 내에 광합성을 시작하는 놀라운 회복력을 가지고 있다.

극지과학자가 들려주는 남극 식물 이야기

하지만 종마다 이러한 건조저항성의 정도는 차이가 있다. 동남극 지역에서 서로 다른 수분 환경에 서식하는 선태식물 3종 *Schistidium antarctici, Ceratodon purpureus, Bryum pseudotriquetrum*을 대상으로 건조저항성의 차이를 조사해 보면, *Schistidium antarctici*의 경우 가장 건조에 취약했고 *Ceratodon purpureus*가 건조 환경에서 가장 강한 것으로 나타났다[17]. 실제 이들의 서식지는 이러한 건조저항성의 차이와 밀접하게 연관되어 있어서, *Schistidium antarctici*는 주로 습한 지역에, *Ceratodon purpureus*는 주로 건조한 지역에 많이 분포하며, *Bryum pseudotriquetrum*는 다른 두 종의 서식지와 부분적으로 겹치면서 중간 정도의 수분을 가진 지역에 집중적으로 넓게 분포한다. 이처럼 남극의 다양한 선태식물은 자신의 건조저항성 수준에 맞춰 서식지를 달리한다.

2 추운 여름에 최적화된 세포활동

남극의 낮은 온도는 식물 생장에 심각한 걸림돌이다. 비교적 온화한 킹조지 섬도 겨울철 기온은 영하 30도까지 내려가고, 한여름 낮의 평균 기온은 4도 내외에 머물며, 밤에는 다시 영하로 떨어진다. 저온 환경에서 식물이 겪는 가장 큰 피해는 생리적 활성 둔화다. 식물의 핵심적 생리 반응은 광합성과 호흡이기 때문에 남극 식식물과 동물의 가장 큰 차이는, 식물은 광합성을 통해 에너지원을 스스로 생산하고, 동물은 식물이나 다른 동물을 먹어서 얻는다. 식물이 이산화탄소와 물에서 햇빛을 받아 탄수화물을 만드는 과정을 광합성이라 한다.

물은 낮은 온도에서도 대사활동을 유지할 수 있도록 적응해 왔다.

생물체의 세포에서는 매 순간 수백 가지 화학반응이 동시에 일어나는데, 이러한 세포 내 모든 화학반응을 세포 대사라 한다. 대사의 측면에서 식물과 동물의 가장 큰 차이는 대사를 일으킬 수 있는 기초 에너지원(탄수화물, 단당류)을 식물은 스스로 생산하고 소비하지만, 동물은 식물이나 동물 등 다른 생물을 먹음으로써 에너지원을 얻고 소비한다는 것이다. 그래서 생태학에서는 식물을 생산자, 동물을 소비자로 분류한다.

생산자로서 식물이 태양에너지를 받아들여 유기물을 생산하는 화학반응을 광합성이라고 한다. 식물을 비롯한 광합성 생물은 태양에너지를 이용하여 저에너지 무기물인 이산화탄소와 물로부터 탄수화물과 같은 고에너지 유기화합물을 조립할 수 있는 특별한 능력을 가지고 있다. 그 과정은 다음의 식으로 요약된다.

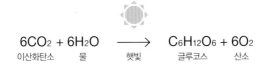

$$6CO_2 + 6H_2O \xrightarrow{\text{햇빛}} C_6H_{12}O_6 + 6O_2$$

이산화탄소   물   글루코스   산소

이 식에서 이산화탄소와 물은 반응물 혹은 기질이고, 산소, 물,

단당류는 생성물이다. 이 반응은 태양에너지를 매개로 추진되며 그 에너지는 단당류의 공유결합에 포획된다.

식물세포의 활동은 광합성을 통한 에너지 포획으로 끝나지 않는다. 지구상 생명체가 활동하려면 세포 대사를 유지하기 위한 에너지가 필요하다. 호흡은 세포내 단당류에 저장되어 있던 에너지를 끄집어내는 과정이다. 광합성과 같이 호흡 과정 역시 다음과 같이 하나의 식으로 요약된다.

$$C_6H_{12}O_6 + 6O_2 \longrightarrow 6CO_2 + 6H_2O + 에너지$$

한 조각의 각설탕을 불로 태우면 이산화탄소와 물이 배출되지만 모든 에너지는 열로 소실된다. 그러나 식물의 호흡 과정에서는 포획한 태양에너지로 생산한 단당류를 세포의 에너지 통화인 ATP의 형태로 바꾸어, 세포 대사를 구성하는 많은 생화학 반응을 수행하는 데 사용된다.

식물은 광합성을 통해 에너지원을 생산하기 때문에 항상 주어진 환경에서 높은 수준의 광합성능을 유지하기 위해 노력한다. 그렇다면 이러한 광합성능은 모든 식물종이 같을까? 물론 그렇지 않다. 식물종에 따른 광합성능의 차이를 이해하려면 먼저 광합성능을 이해해야 한다. 광합성능을 표현하는 가장 대표적인 척도는 이산화탄소 흡수 속도이고, 이를 광합성 속도라 한다. 이산화탄소는 광합성의 재료로 사용된다. 따라서 재료의 소모량이 많다면, 즉 이산화탄소 흡수량이 많다면 생산량도 많다고 볼 수 있다. 작은 챔버에 식물의 잎을 끼운 다음 일정량의 이산화탄소를 포함하는 공기를 공급해 주고, 특수장비를 활용하여 식물을 통과한 공기의 이산화탄소 양을 측정하면 식물의 잎이 흡수한 이산화탄소 양을 알 수 있다(그림 3-4).

이렇게 측정된 양은 순광합성량으로 표현된다. 굳이 "순"이라는 접두사가 붙은 이유는 식물의 호흡량 때문이다. 식물 세포도 동물이나 다른 모든 생물과 마찬가지로 끊임없이 호흡을 하면서 이산

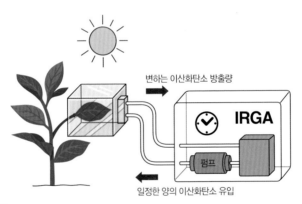

변하는 이산화탄소 방출량

IRGA

펌프

일정한 양의 이산화탄소 유입

그림 3-4

식물의 광합성 속도 측정법. 광합성 속도 측정을 위해 개발된 장비를 연결하면 챔버로 들어가고 나오는 공기의 이산화탄소 농도를 측정하여 식물이 흡수한 이산화탄소의 양을 측정할 수 있고, 이를 광합성 속도로 변환하게 된다.

화탄소를 생산한다. 따라서 빛이 적거나 없는 상태에서 동일한 실험을 수행하면 이산화탄소 흡수량(들어가는 공기의 이산화탄소 – 나오는 공기의 이산화탄소)이 음의 값을 가지게 되는데, 이는 이산화탄소가 흡수되지 않고 방출된다는 것을 의미한다. 따라서 빛의 양이 0일 때 이산화탄소의 방출양을 호흡량으로 정의한다. 빛의 양을 0에서 서서히 증가시키면 음의 값을 보이던 이산화탄소 흡수량이 점차 커지는데, 그 값이 0이 될 때 빛의 양을 보상점이라 한다. 실험을 통해 순광합성량과 호흡량을 측정할 수 있고, 이 둘을 더한 값을 총광합성량이라고 한다(그림 3-5).

식물의 광합성 속도에 가장 큰 영향을 미치는 환경요인은 빛의 세기고 광합성 속도와는 비례관계이다. 하지만 어느 지점에 도달

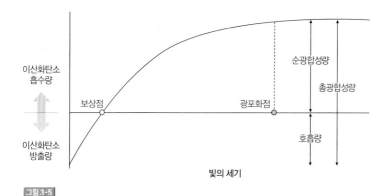

그림 3-5

순광합성량과 호흡량을 더하면 총광합성량이 된다

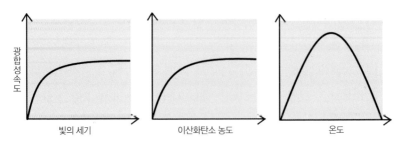

그림 3-6

광합성 속도에 영향을 미치는 환경요인인 빛, 이산화탄소, 온도. 빛과 이산화탄소는 포화지점 이후 광합성 속도가 일정하게 유지되지만, 온도의 경우 최대 광합성 온도보다 높은 온도에서는 광합성 속도가 감소하는 특징을 보인다.

하면 아무리 빛이 강해져도 이산화탄소 흡수량이 더 이상 증가하지 않게 되는데, 이때의 빛의 양을 광포화점이라 한다. 식물이 이용할 수 있는 빛의 양에는 한계가 있기 때문이다.

빛의 세기와 더불어 광합성 속도에 영향을 주는 두 번째 환경요

식물의 광합성에 영향을 주는 환경 요인은 빛의 세기, 이산화탄소의 양, 온도. 빛이 세질수록, 이산화탄소의 양이 많을수록 광합성이 증가하다 일정 수준에 이르면 정점을 유지한다. 온도는 광합성에 관여하는 효소와 관련이 있어 최적 온도에서 정점을 이루고 그보다 낮거나 높은 온도에서는 광합성 속도가 느려진다.

인은 이산화탄소 농도다. 앞서 얘기했듯 이산화탄소는 광합성 반응의 재료로 사용되기 때문에, 이산화탄소 농도가 증가하면 광합성 속도는 빨라진다. 빛의 경우 광포화점이 있듯이, 이산화탄소 농도의 경우도 포화점이 존재한다(그림 3-6).

광합성 속도에 영향을 주는 세 번째 환경

요인은 온도다. 빛이나 이산화탄소의 경우 포화점을 지나면 광합성 속도가 일정하게 유지가 되는 것과는 달리, 최대광합성을 일으키는 온도보다 더 높은 온도에서는 광합성 속도가 오히려 감소한다. 이러한 현상의 원인은 광합성의 화학반응에 참여하는 효소들이 단백질로 이루어져 있기 때문이다. 단백질은 일반적으로 37도 이상의 고온에서는 변성된다. 그러면 광합성에 참여하는 효소들이 제 기능을 발휘할 수 없게 되어, 광합성 속도는 감소한다.

다양한 기후 지역에 서식하는 식물들은 각자 자신의 환경에 적응된 광합성 특성을 가지고 있어서 지역별 또는 식물의 종류에 따라 온도에 따른 순광합성량은 달라진다. 예를 들어 고산지대에 서식하는 초본 *Chionochloa sp.*의 경우 최적 광합성 온도는 섭씨 5도다. 옥수수는 상대적으로 최적온도가 매우 높아 37도 정도에서 광합성이 가장 활발히 일어나고, 밀은 23도 정도에서 광합성이 가장 활발하다. 많은 경우 높은 온도에서 광합성이 최적화된 식물종은 낮은 온도에서 광합성이 거의 일어나지 않고, 반대의 경우도 일반적이다. 이러한 광합성과 온도 범위와의 연관성에 의해 그 식물의 분포 범위가 결정된다. 여기서 또 하나 주목할 것은 절대적인 광합성량이다. 고산지대 초본, 밀, 옥수수의 순서로 최적 광합성 온도가 증가하

광합성에 적정한 온도에 따라 식물의 서식 지역이 결정된다. 하지만 고산지대 초본이 낮은 온도에서 광합성을 할 수 있다고 하더라도, 그 절대량이 옥수수나 밀에 비해 훨씬 작아 추운 지역에서는 농업 생산량이 많을 수가 없다.

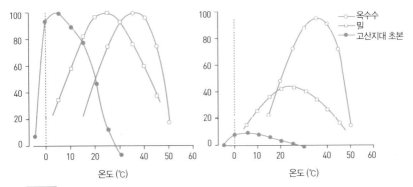

그림 3-7

식물종별 순광합성량과 온도의 관련성. 온도에 따른 순광합성의 상대량과 절대량을 비교한 것이다. 고산지대 초본의 광합성 최적온도는 옥수수와 밀에 비해 낮아서 저온에서의 광합성에 유리하지만, 절대량은 옥수수와 밀에 비해 매우 적다.

는데, 실제 절대적인 광합성량도 같은 순서로 증가한다(그림 3-7). 이러한 현상은 광합성에 관여하는 여러 가지 효소들이 온도가 증가할수록 활성이 증가하는 일반적인 단백질의 특징을 가지고 있기 때문이다. 그래서 온대나 열대지방에서는 농업생산량이 높지만 시베리아처럼 추운 지역에서 농업생산량이 높게 나오기 어렵다.

실험실 조건에서 측정했을 때 남극좀새풀의 광합성 최적온도는 13도, 남극개미자리는 19도로 알려져 있다[18]. 이들은 저온에서 광합성능을 유지하는 능력이 뛰어나서, 0도에서도 최적온도 대비 약 30퍼센트의 광합성능을 유지할 수 있다. 반면 고온에서 이들 식물의 광합성 능력은 급격하게 떨어진다. 남극의 파머 기지 부근 맑고

극지과학자가 들려주는 남극 식물 이야기

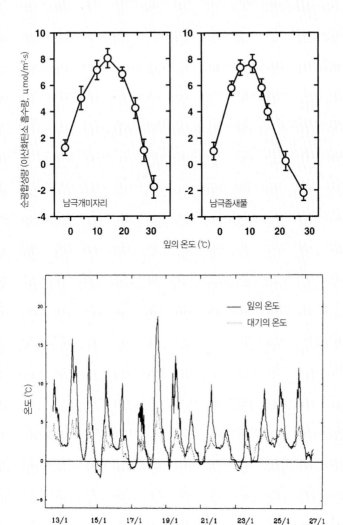

남극개미자리와 남극좀새풀의 온도변화에 따른 광합성량의 변화. 최적광합성 온도 범위를 벗어나는 고온에서는 급격히 광합성능이 저해된다. 남극에서 실제 식물의 온도는 대기의 온도보다는 높아서 식물의 광합성이 충분히 일어날 수 있는 환경을 제공한다.

따뜻한 한낮, 식물체 온도가 20도 이상으로 올라갈 경우 두 식물의 순광합성량은 거의 0에 가까웠다. 하지만 식물체 온도가 10도 미만으로 낮아지는 흐린 날에는 비교적 높은 수준의 순광합성량을 보였다. 빛의 양이 더 풍부한 맑은 날 광합성능이 더욱 떨어지는 이유는 최적 광합성 온도보다 기온이 더 높아 광합성이 저해되었기 때문이다. 실제 측정 결과 광합성 최적온도보다 주변 대기의 온도가 높아지면 순광합성량은 급격히 감소하고 호흡량은 반대로 급격히 증가했다(그림 3-8).

남극에 서식하는 이들의 광합성 최적온도가 13도와 19도라면 너무 높다고 생각되지 않는가? 킹조지 섬의 여름철 평균 대기온도는 4도 내외에 머물지만 식물체의 온도는 이보다는 좀 더 높아서 평균 7~8도를 맴돌고, 때로는 15도를 웃돌기도 한다. 이 정도 환경에서 이들은 최대 광합성량의 70퍼센트 이상을 확보할 수 있다. 현화식물 뿐 아니라 남극의 선태식물도 이들과 유사해서, 최적온도 범위는 10~20도 사이로 알려져 있다. 이처럼 남극 식물의 광합성은 남극의 여름철 환경에 최적화되어 있다.

추운 지역에서 살거나 추운 겨울을 지내야 하는 다년생 식물은, 추워지는 환경에 맞춰 생리작용을 꾸준히 유지할 수 있도록 조정하는 과정을 겪는다. 저온순화라고 한다.

남극과 같이 추운 지역에 살거나 추운 겨울을 버텨야 하는 다년생 식물의 경우 저온순화라고 불리는 적응 전략을 가지고 있다. 저온순화는 개체 수준에서 점차 추워지는 환경에 맞서 몸의 생리작용을 꾸준히 유지할 수 있도록 하는 일련의 과정으로 정의된다. 목본을 비롯하여 토마토, 애기장대 등 저온순화 능력이 있는 식물들은 적절한 기간 동안 서서히 온도를 낮추어 주면 영하의 온도를 버틸 수 있는 능력을 얻게 된다. 만약 이런 과정 없이 갑작스레 영하의 환경으로 옮기게 되면 이들은 추위를 견디지 못한다. 잘 알려진 애기장대는 4도에서 2일 이상의 저온순화 기간을 거치게 되면 영하 8도까지도 생존할 수 있지만, 저온순화 기간을 거치지 않고 바로 영하의 온도를 맞게 되면 영하 4도 이하에서 다 죽어 버린다(그림 3-9).

식물의 저온순화 능력을 가능하게 해주는 생리적 변화는 매우 다양한데, 그 중에서도 탄수화물 대사의 변화는 매우 중요하다. 남극좀새풀의 경우, 수용성 탄수화물의 함량이 다른 벼과식물인 보

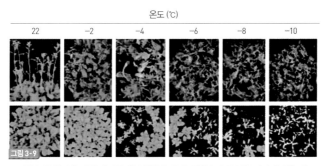

그림 3-9

저온순화 처리에 따른 애기장대의 내냉성 증대. 저온순화 과정을 거지지 않은 식물체(위)는 영하 4도보다 낮은 온도에서 모두 얼어 죽었지만 저온순화 과정을 거친 식물체(아래)는 영하 8도까지 생존할 수 있다.

리나 귀리에 비해 8배 이상 높다. 특히 자당과 프룩탄은 뿌리보다 잎에 더 풍부했는데, 특히 여름 동안 이들의 함량은 1월보다 2월로 갈수록 증가했다[19]. 이는 여름이 끝나가는 2월의 기온 저하에 따라 식물체의 결빙저항성을 높이기 위한 전략인 것으로 보인다. 프룩탄 등의 수용성 탄수화물은 세포내 수분포텐셜을 낮춰 외부로 수분이 유출되는 것을 막고, 어는점을 낮추며, 다음 생장기간의 초기, 아직 광합성을 통한 탄수화물 생산이 충분하지 않을 때 에너지원으로 활용되어 더 이른 시기에 생장을 시작할 수 있게 해준다.

남극의 식물들은 몸이 어는 것을 막기 위해, 0도 이하에서도 얼지 않는 결빙방지 능력을 갖고 있다. 남극좀새풀은 영하 10도가 되어야 체액 내 얼음이 언다.

남극에서 식물이 입을 수 있는 가장 직접적인 피해는 추위로 인해 얼어버리는 것이다. 이러한 피해를 최소화하기 위해 남극의 식물은 몸이 어는 것을 방지하는 방법을 개발했다. 0도보다 낮은 온도에서 얼지 않도록 하는 능력을 결빙저항성이라 하는데, 저온순화된 남극좀새풀의 경우 영하 10.4도가 되어서야 체액 내 얼음 결정이 형성되기 시작했다[20].

칠레 콘셉시온대학교의 브라보 박사 연구팀은 남극좀새풀의 높은 결빙저항성의 비밀을 밝히기 위해, 남극 로버트 섬에서 서식하는 남극좀새풀에서 분리한 단백질 추출물로 보리 엽록체막의 안정성을 측정하였다. 남극좀새풀 단백질 추출물의 경우 90퍼센트의 엽록체막이 안정적으로 유지되었지만, 대조군인 BSA 단백질의 경

극지과학자가 들려주는 남극 식물 이야기

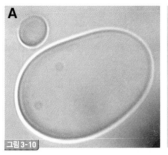 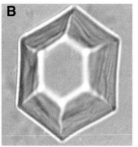 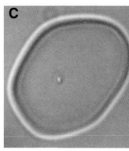

그림 3-10

남극 식물에서 추출한 결빙방지단백질의 결빙방지활성 관찰. 왼쪽부터 결빙방지단백질이 없는 대조군의 얼음 결정 형태, 남극좀새풀 단백질을 첨가했을 때, 남극개미자리 단백질을 첨가했을 때의 얼음 결정 모양

우는 그 정도가 60퍼센트에 그쳤다[21]. 이러한 뛰어난 결빙저항성은 남극좀새풀이 만들어내는 결빙방지단백질 덕분이다.

순수한 물의 경우 얼음의 재결정화 과정에서 온도가 낮아질수록 얼음 결정은 둥근 형태로 점차 커지게 된다. 하지만 남극좀새풀에서 분리한 단백질을 첨가해 주면, 얼음 결정의 정상적인 성장이 이루어지지 않아 결정의 모양이 육각형 또는 피라미드 형태로 변화하는데, 이는 결빙방지단백질이 얼음 결정에 결합하여 성장을 방해하기 때문에 생기는 전형적인 현상이다. 하지만 남극개미자리의 경우는 이러한 활성이 거의 없거나 매우 약하게 나타나, 남극에 서식하는 식물들 내에서도 결빙저항성의 정도는 다양한 것을 알 수 있다(그림 3-10).

3 증가된 자외선 이겨내기

남극에서 식물의 생장을 저해할 수 있는 또 다른 환경요인은 빛이다. 한여름 킹조지 섬과 남극 반도의 낮 길이는 20시간에 육박하기 때문에 다른 지역에 비해 빛이 식물에 미치는 효과가 클 수밖에 없다. 특히 최근에는 인간 활동으로 인한 오존증 파괴와 남녹 지역 오존홀에 대한 이슈 또한 끊임없이 제기되고 있다. 이번 절에서는 오존층의 파괴가 남극의 육상환경에 미치는 영향과, 그러한 환경 변화에 대한 남극 식물의 전략을 살펴보자.

파괴에 대한 경고로 대중에게 그 존재를 알리게 된 오존층은 지구 대기의 성층권 내 지표면으로부터 약 10~50킬로미터 높이에서 발견되는 오존 농도가 높은 공기층이다. 오존층이 인간을 비롯한 지구 생물의 삶에 중요한 이유는 자외선 차단 효과 때문이다. 태양광은 넓은 범위의 파장대를 포함한다. 일반적으로 우리 눈에 보이며 식물이 광합성에 이용하는 가시광선은 400~700나노미터 파장대의 영역이지만, 이보다 파장대가 짧아서 고에너지를 포함하는 자외선도 지표면에 도달한다. 자외선은 파장에 따라 자외선 A(315~400나노미터), 자외선 B(280~315나노미터), 자외선 C(100~280나노미터)로 구분된다. 그 중 가장 에너지가 높은 자외선 C는 대기에 풍부한 산소에 의해 대부분 흡수되고, 오존층에 의해 주로 흡수되는 영역은 자외선 B다(그림 3-11). 자외선 A는 거의 흡수되지 않고

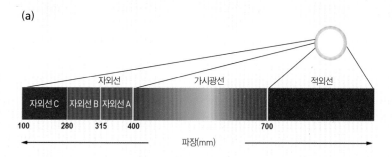

(a)

자외선

자외선 C 자외선 B 자외선 A

가시광선

적외선

100   280   315   400   700

파장(mm)

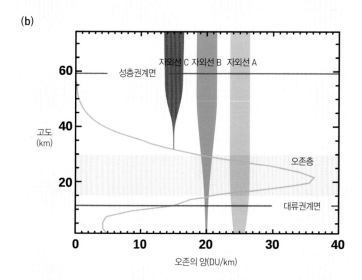

(b)

자외선 C 자외선 B 자외선 A

성층권계면

고도
(km)

오존층

대류권계면

0   10   20   30   40

오존의 양(DU/km)

그림 3-11

(a) 태양광의 파장대 (b) 오존층에 의한 자외선 B 차단 효과. 오존층은 자외선 중에서 파장대가
280~315 nm에 해당하는 자외선 B를 차단하는 효과가 크다.

자외선은 파장에 따라 A,B,C 로 구분한다. 자외선 C는 대기층에 거의 흡수되지만, 자외선 B는 적은 양이라도 생물체에 나쁜 영향을 미친다.

지표면에 도달한다. 자외선 B의 경우 적은 양이 지표면에 도달하지만 포함하는 에너지 수준이 높기 때문에, 노출 시간이 길어지면 피부암과 백내장 발병율이 증가하고, 신체의 면역체계를 억제하는 것으로 알려져 있다. 식물에는 생장과 광합성능의 저해, DNA 돌연변이 증가 등의 피해를 주기도 한다.

인간활동에 의한 오존층 파괴는 1980년대 초에 발견된 이후 꾸준히 가속화되었다. 특히 이러한 현상은 고위도 지역인 양극 지방에서 두드러졌다. 인공위성으로 측정된 오존층의 변화 추이를 보면, 1982년 이후 양극 지방의 오존층 두께가 확연히 감소한 것을 볼 수 있다. 오존층 감소의 원인은 프레온을 비롯한 다양한 온실가스 배출이 증가하면서 일어나는 대기 중의 화학반응인 것으로 판명되었다. 프레온 사용을 금지하기로 한 나고야의정서 이후 오존층의 감소 경향은 둔화되었지만 2050년까지는 완전한 회복을 기대하기는 힘들다.

극지방 중에서도 북극보다 남극의 오존층 파괴가 더욱 심각하다(그림 3-12). 오존층 두께가 220DU(돕슨 유니트, 오존층의 두께를 표현하는 단위)보다 얇아지는 지역을 오존홀이라고 하는데 남반구의 봄인 9월에서 11월에 집중적으로 관측된다. 1981년 남극점 부근에서 관측되기 시작한 오존홀은 단 10년만에 남극대륙 전체를 덮

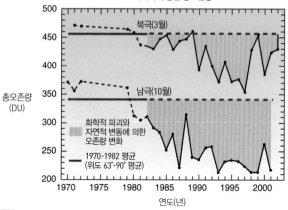

극지방 오존층 두께의 변화 추이. 1970년에서 1982년까지 평균 봄철 오존층 두께는 빨간 실선으로 표시되어 있다. 1982년 이후 까만 실선으로 연결된 점들은 10월의 남극과 3월의 북극 지역 월평균 오존층 두께를 나타낸 것으로, 1982년 이후 양극 지방에서의 오존층 감소 경향을 뚜렷이 확인할 수 있다.

을 만큼 커졌으며, 관측 역사상 가장 거대한 오존홀은 2006년 9월에 기록되었다.

오존층 파괴와 관련된 주된 관심사는 지표면에 도달하는 자외선량의 증가다. 연구결과에 따르면 오존층 두께가 1퍼센트 감소하면 지표면에 도달하는 자외선 B의 양도 1퍼센트 늘어난다고 한다. 오존홀이 남극의 생태계에 미치는 피해를 걱정하는 더욱 큰 이유는, 원래 극지방은 지구상에서 자외선량이 가장 적은 지역이었기 때문이다. 태양으로부터 유입되는 태양광은 오존층을 포함하는 대기를

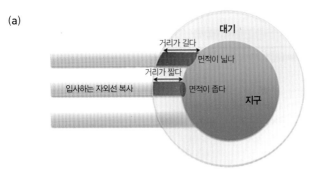

(a)

대기

거리가 길다

면적이 넓다

거리가 짧다

입사하는 자외선 복사

면적이 좁다

지구

(b)

연평균 자외선 B

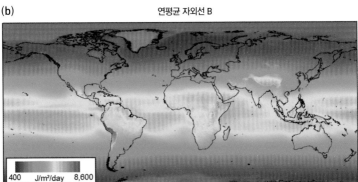

400   J/m²/day   8,600

그림 3-13

(a) 위도에 따른 자외선량의 차이를 설명해 주는 모식도. 저위도 지역에서는 자외선이 대기층을 통과하는 거리가 짧고, 상대적으로 좁은 지역에 고밀도로 유입되기 때문에 수치가 높아진다. (b) 전세계 자외선 B의 연평균 수치. 적도 부근과 고산지대가 가장 높고 위도가 높아질수록 자외선량은 낮아진다.

통과하면서 자외선이 상당 부분 흡수되기 때문에 지표면에 도달하는 자외선량은 크게 줄어든다. 동일한 태양광이 유입되는 경우 고위도 지역에서는 자외선이 대기층을 통과하는 길이가 저위도 지역에 비해 상대적으로 긴 데다, 더 넓은 지표면으로 퍼지기 때문에 단위면적당 유입되는 자외선량은 극지방이 가장 낮을 수밖에 없다 (그림 3-13). 실제로 유입되는 연평균 자외선량을 보면 적도를 비롯한 저위도 지방이 확연히 높음을 알 수 있다.

남극에서의 관측결과는 오존홀의 출현과 남극으로 유입되는 자외선 B 증가의 뚜렷한 연관성을 보여준다. 그림 3-14에서 지표면에 도달하는 자외선 양은 위도 32도에 위치한 캘리포니아 지역이 가장 높고, 다음은 남위 62도에 위치한 남극 파머 기지, 그리고 북위 71도에 위치한 알래스카 배로 지역이 가장 낮아서, 고위도로 갈수록 낮아지는 일반적인 경향을 확인할 수 있다. 하지만 봄철을 집중적으로 관찰하면, 90년대 이후 남극 파머 기지의 자외선 양은 이전에 비해 2배 이상 증가하여 샌디에이고 지역을 웃돌고 있다. 결국 오존홀로 인해 남극은 지구상 자외선량이 가장 적은 곳에서 40년 만에 온대지역에 버금가는 곳이 되어 버렸다. 이 기간은 남극의 식물이 환경에 적응하고 변화하기에는 너무 짧아서 이들은 자외선 양의 증가로 인한 피해에 더욱 민감할 수밖에 없다. 특히 오존홀이 발생하는 시기는 남극의 봄으로 이때는 식물들이 겨울의 동면을 끝내고 막 활동을 시작하는 시점이다. 겨우내 식물을 덮고 있던 눈마저 녹아내리면 식물이 갑작스럽게 강한 자외선

오존홀이 생기면서 남극의 자외선량은 급속하게 늘어 온대지역에 버금가는 수준이 되었다. 불과 40년만에 일어난 이런 변화는 남극 식물의 생장에 큰 영향을 미친다.

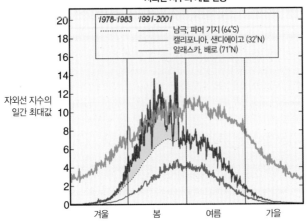

그림 3-14

지표면에 도달하는 자외선량의 연중 경향. 전체적인 패턴으로는 위도 32도에 위치한 캘리포니아 샌디에이고 지역이 가장 높고, 다음은 남위 62도에 위치한 남극 파머 기지, 그리고 북위 71도에 위치한 알래스카 배로 지역이 가장 낮다. 하지만 90년대 이후 봄철의 남극 파머 기지의 자외선량은 이전에 비해 2배 이상 증가하여 중위도 지역인 샌디에이고 지역을 웃돌고 있다.

에 노출되어 피해는 더욱 커질 수 있다.

자외선 B는 식물세포 내에 직간접적인 피해를 주기 때문에, 식물은 자외선으로부터 몸을 보호하기 위해 다양한 전략을 강구해 왔다. 첫 번째는 자외선이 세포에 닿기 전에 차단하는 것이고, 두 번째는 자외선으로 인한 과도한 에너지로부터 광합성 기구를 보호하는 것이고, 세 번째는 이미 발생한 피해를 재빨리 복구하는 것이다. 하지만 세포내에서 자외선으로 인한 피해를 복구하는 기작은

극지과학자가 들려주는 남극 식물 이야기

종종 불완전하기 때문에, 피해가 생기기 전에 자외선 B의 흡수를 차단하는 것이 효과적인 식물의 전략이다. 특히 남극 식물은 건조나 저온 등 환경스트레스의 영향으로 식물의 대사가 원활하지 않은 경우가 많기 때문에 많은 에너지의 투입이 필요한 능동적 피해복구 기작보다는 자외선 차단이라는 수동적인 기능이 더욱 중요하다.

자외선은 식물에 피해를 입히기 때문에, 막을 수 있는 다양한 전략을 개발했다. 첫째, 자외선이 세포에 닿기 전에 차단한다. 둘째, 자외선의 높은 에너지가 광합성 기구를 손상시키지 않도록 막는다. 셋째, 자외선에 의한 피해를 재빨리 복구하는 것이다.

우리가 더운 여름날 야외활동을 할 때 자외선 차단제를 바르듯이 식물도 자체적으로 자외선 흡수물질을 만들어서 세포 내 자외선 유입을 막아 스스로를 보호한다. 식물이 만들어내는 다양한 자외선 흡수물질 중 가장 잘 알려진 것이 플라보노이드다. 플라보노이

식물도 자체적으로 자외선 흡수물질을 만들어, 세포 내로 자외선이 유입되는 것을 막는다. 플라보노이드가 대표적이다.

드는 식물이 만들어 내는 2차대사산물인 페놀화합물의 일종으로, 꽃이나 과일의 색깔을 결정하는 안토시아닌, 동물의 호르몬과 유사한 구조를 가진 이소플라본, 녹차와 코코아의 쌉싸름한 맛의 원인인 카테킨 등 매우 다양한 형태로 존재한다. 퀘르세틴, 루토나린과 같은 일부 플라보노이드는 항산화 작용이 있어서 식물의 산화적 손상을 예방해 주기도 하지만 우리가 플라보노이드에 집중하는 이유는 광범위한 자외선 B 차단 능력 때문이다.

식물은 자외선 B의 양이 증가하게 되면 주로 체내 플라보노이드

를 축적해서 세포 내 자외선 진입을 차단한다. 남극좀새풀과 남극
개미자리의 경우 높은 자외선에 노출된 잎은 대조군에 비해 두꺼
워졌고, 자외선 흡수물질을 더욱 많이 만들어냈다(그림 3-15).

　　남극좀새풀과 남극개미자리의 경우 자외선 차단물질의 효과는
놀라운 수준이어서, 잎의 자외선 투과율은 각각 4퍼센트와 0.6퍼

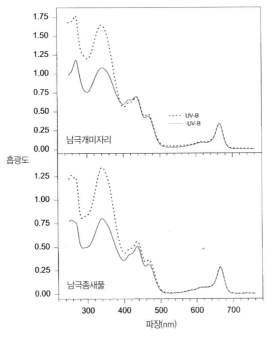

그림 3-15

자외선 B 양의 차이에 따른 자외선 흡수물질의 양적 변화. 남극좀새풀과 남극개미자리는 모두 자
외선 B의 양이 많을 때 흡광도가 증가했고, 이는 자외선 흡수물질의 양이 증가했음을 의미한다.

극지과학자가 들려주는 남극 식물 이야기

센트 밖에 되지 않는다[22]. 이 수치는 온대지역의 다른 식물들과 비교했을 때 매우 낮다. 예컨대, 미국의 웨스트버지니아에 서식하는 단자엽식물은 18~58퍼센트, 쌍자엽식물은 7~58퍼센트의 자외선 투과율을 보인다. 플라보노이드 함량은 남극 식물이 다른 식물보다 더 높긴 하지만 자외선 투과율의 차이를 대변할 만큼은 아니어서, 플라보노이드가 뛰어난 자외선 차단 효과의 주원인은 아니다. 식물은 플라보노이드 외에도 많은 종류의 페놀화합물을 만들어낸다. 남극좀새풀의 경우 세포벽에 흡착되어 있는 또 다른 식물성 페놀화합물인 페닐프로파노이드의 농도가 높은 것으로 밝혀져, 플라보노이드와 페닐프로파노이드 등 다양한 자외선 흡수물질을 복합적으로 활용하는 것으로 보인다.

선태식물은 현화식물에 비해 플라보노이드를 비롯한 2차대사산물을 생산하는 능력이 떨어지기 때문에 자외선 차단 능력과 자외선 저항성이 낮은 종들도 많다. 자외선에 민감한 것으로 알려진 *Schistidium antarctici*의 경우 자외선 증가로 인해 엽록소가 파괴되어 이끼의 색이 노란색으로 탈색된 경우가 현장에서 많이 관찰되었다(그림 3-16).

호주 울런공대학교의 로빈슨 박사 연구팀은 증가된 자외선에 대한 남극 선태식물의 종별 저항성 차이를 연구해 왔다. 연구에 활용된 선태식물 3종*Ceratodon purpureus, Bryum pseudotriquetrum, Schistidium*

남극의 자연광

자외선 차단시

그림 3-16

남극 자연광에 포함된 자외선 증가로 엽록소가 파괴되어 색깔이 노란색으로 변한 *Schistidium antarctici*. 남극대륙에 자생하는 이 종은 대표적인 자외선 민감종이다. 오른쪽 사진의 붉은색은 엽록소에서 유래한 형광으로, 자외선하에서 엽록소의 양이 대폭 감소했음을 알 수 있다.

*antarctici*은 모두 남극에 서식하고 있지만 자외선에 대한 저항성은 각기 다르다[23]. 자외선에 의해 DNA 변성이 일어나는 피해 규모를 기준으로 자외선 민감도를 측정했을 때, *Ceratodon purpureus*가 가장 적은 피해를 입었기 때문에 자외선에 대한 저항성이 가장 높은 것으로 나타났고, *Bryum pseudotriquetrum*은 중간 수준, *Schistidium antarctici*가 가장 많은 피해를 입어 자외선에 가장 민감한 것으로 나타났다.

 하지만 이들의 자외선 흡수물질의 농도는 예상과는 달리 *Ceratodon purpureus*와 *Bryum pseudotriquetrum*에서 유사하게 나타났다. *Ceratodon purpureus*의 뛰어난 자외선 저항성의 원인은 결국 자외선 흡수물질의 세포내 분포 위치에서 발견할 수 있었다. *Ceratodon purpureus*는 주로 세포벽에 자외선 흡수물질이 집중되어 분포하는 반면, *Bryum pseudotriquetrum*은 세포질과 세포벽에 골고루 퍼져 있었다(그림 3-17). 결과적으로 남극 선태식물의 자외선 저항성은 자외선 흡수물질의 양 뿐만 아니라 축적되는 위치에 따라 달라진다. 자외선 흡수물질이 세포벽에 고농도로 집중되어 있는 경우가 세포 내외에 골고루 퍼져있을 때보다 우수한 자외선 차단 전략인 것이다.

뉴질랜드 빅토리아대학교의 라이언 박사 연구팀은 남극 은이끼의 플라보노이드 함량과 오존량과의 연관성을 보여주는 연구결과를 발표하였다. 연구진은 1950년대 말부터 2000년대 초반까지 다양한 시기에 채집된 표본으로부터 플라보노이드를 추출하여 함량을 비교하였다[24]. 흥미롭게도, 오존홀이 생성되기 전인 1960년대

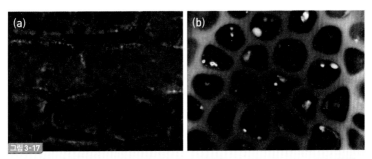

그림 3-17

플라보노이드가 포함된 페놀화합물을 선택적으로 염색하는 Naturstoffreagenz A로 염색했을 때 보이는 자외선 흡수물질의 세포내 위치. *Ceratodon purpureus*(b)는 주로 세포벽에 집중된 양상이지만, *Bryum pseudotriquetrum*(a)은 세포질과 세포벽에 골고루 퍼져 있다.

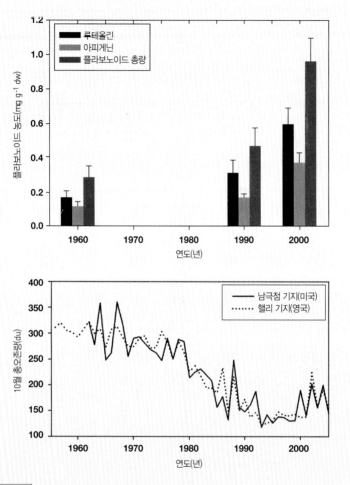

연대별 남극 은이끼의 표본에서 추출한 플라보노이드 함량과 역사적인 오존 농도의 변화 추이. 오존층 두께가 얇아지는 동안 플라보노이드 양은 증가하는 반비례 관계를 확인할 수 있다.

극지과학자가 들려주는 남극 식물 이야기

에 비해 오존홀이 발견된 이후인 1990년대와 2000년대에 채집된 식물체에서 전체 플라보노이드 함량이 1.5~3배 증가했고, 플라보노이드 중 자외선 흡수 효율이 높은 루테올린의 함량은 2~3.5배 증가하였다. 플라보노이드 함량의 증가와 역사적인 오존 농도의 감소는 서로 반비례 관계임이 증명된 것이다(그림 3-18). 이러한 결과는 오존홀로 인해 증가된 자외선 수치가 남극 선태식물의 생리적 변화에 큰 영향을 미치고 있음을 보여주었을 뿐 아니라, 투입되는 자외선 양을 간접적으로 측정할 수 있는 생물학적 지표로서 선태식물의 가능성을 확인해 주었다.

식물이 자외선으로부터 몸을 보호하기 위해 활용하는 두 번째 전략은, 자외선으로 인한 과도한 에너지가 광합성 기구로 유입되는 것을 막는 것이다. 자외선 등 빛과 관련하여 이상 징후가 발생했을 때 식물이 가장 먼저 지켜야 할 곳은 광합성 기구다. 과도한 에너지가 유입되는 경우 광합성 효율을 떨어뜨릴 뿐만 아니라 광합성 기구 자체가 변형되거나 파괴될 수도 있기 때문에 정상적인 에너지 활동과 생장을 위해 광합성 기구의 우선적인 보호는 필수적이다.

식물의 광합성 기구에서 빛을 처음으로 받아들이는 곳은 안테나 복합체로, 빛에너지를 받아들이고 모아서 광합성 기구의 반응중심으로 에너지를 전달해 주는 기능을 한다. 안테나 복합체에는 빛에너지 흡수를 위한 다양한 색소들이 모여있다. 육상식물의 경우 주색소는 엽록소 a와 엽록소 b이지만, 이들 외에도 카로티노이드라 통칭되는 다양한 보조색소를 가진다(그림 3-19).

보조색소인 카로티노이드는 일반적으로 오렌지와 황색의 색소군으로 분류된다. 당근 뿌리에서 다량으로 발견되는 베타카로틴, 토마토의 라이코펜, 바닐라꽃에 풍부한 제아잔틴 등이 모두 카로티노이드의 일종이다.

카로티노이드는 엽록소 a와 b보다 좀 더 넓은 파장대의 빛을 흡수할 수 있기 때문에 동일한 시간에 더 많은 빛에너지를 포획하도록 도와준다. 하지만 높은 에너지를 가지는 자외선으로 인한 피해가 우려되는 상황이 되면 카로티노이드는 역할을 바꾸어 광합성기구를 보호하는 광보호 작용을 한다. 특히 카로티노이드의 일종인 제아잔틴, 베타카로틴은 흡수된 에너지를 열로 방출하여 세포내 유해한 활성산소족이 생성되는 것을 막아주고, 생성된 활성산소족을 제거하는 작용도 하는 것으로 알려져 있다.

> 안테나 복합체 내에서 카로티노이드는 엽록소 a나 b보다 넓은 파장대의 빛을 흡수할 수 있어, 더 많은 빛에너지를 받을 수 있게 한다. 하지만 자외선이 많아지면, 카로티노이드는 활성산소가 생성되는 것을 막고, 생성된 활성산소를 제어하는 작용도 한다.

남극 식물의 경우 맑고 추운 날 카로티노이드와 연계된 광보호 현상이 도움을 준다. 남극좀새풀의 카로티노이드 양은 남극 현장에 있을 때($4.6 \ \mu g/cm^2$)가 실험실 내에서 배양할 때 ($2.1 \ \mu g/cm^2$)보다 2배 이상 높았다[15]. 선태식물에서도 유사한 현상들이 보고되었

(a)

빛

카로티노이드

엽록소 b

엽록소 a

반응 중심

안테나
복합체

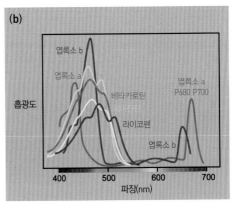

(b)

흡광도

엽록소 b

엽록소 a

베타카로틴
제아잔틴

라이코펜

엽록소 b

엽록소 a
P680 P700

400   500   600   700

파장(nm)

(a) 안테나 복합체의 모식도. 카로티노이드-엽록소a-엽록소b 등의 색소가 빛에너지를 모아서 광합성 기구의 반응중심으로 에너지를 전달한다. (b) 식물에 존재하는 여러 색소의 흡수 스펙트럼. 카로티노이드는 청색광과 녹색광을 포함하는 넓은 영역의 빛을 흡수하기 때문에, 엽록소만 있을 때보다 더 효율적으로 빛에너지를 모을 수 있도록 도와준다.

다. 대표적 자외선 민감종인 *Schistidium antarctici*의 경우 자외선이 증가하더라도 카로티노이드 함량이 증가하지 않았지만, 낫깃털이끼와 검은이끼류, 은이끼류 등의 경우는 자외선 증가에 따라 카로티노이드 함량이 비례해서 증가해 급격한 자외선 증가로부터 몸을 보호하는 것으로 보인다[25].

지금까지 우리는 남극의 환경요인이 얼마나 열악한지, 그리고 남극 식물이 그 안에서 생존하기 위해 어떠한 전략들을 구사하고 있는지 살펴보았다. 남극에서 식물이 번식할 수 있는 짧은 여름마

남극에서 식물이 번식할 수 있는 짧은 여름마저
환경은 전혀 쾌적하지 않다.
평균 기온은 영상 4도에 불과하고, 밤마다 영하로 떨어진다.
연평균 200밀리미터 내외의 강수량은 식물에 흡수되기도 전에
얼어버려서 극심한 건조 스트레스에 시달린다.
더구나 일상화된 강풍과 급격히 증가된 자외선 등
식물은 열악한 조건들을 이겨내야 한다.

저 환경은 전혀 쾌적하지 않다. 평균 기온은 영상 4도에 불과하고, 밤마다 영하로 떨어진다. 연평균 200밀리미터 내외의 강수량은 식물에 흡수되기도 전에 얼어버려서 극심한 건조 스트레스에 시달린다. 더구나 일상화된 강풍과 급격히 증가된 자외선 등 식물은 열악한 조건들을 이겨내야 한다. 이를 위해 식물들은 다양한 전략들을 채택하고 있다. 첫째, 극단적인 환경을 완화시킬 수 있는 물가와 바위 틈을 찾아 서식하고, 형태적으로는 키를 낮추어 바람으로 인한 피해를 비껴간다. 둘째, 낮은 온도에 최적화된 광합성 기구를 갖추고 있어서 남극에서의 광합성 효율을 극대화시키고, 뛰어난 저온 순화 능력과 결빙방지단백질로 대표되는 결빙저항성을 갖추고 있다. 셋째, 자외선 흡수물질을 만들어 세포내 자외선 유입을 차단하는 한편, 카로티노이드를 활용해 세포내 광합성 기구를 보호한다. 하지만 남극의 식물이 처한 또 하나의 위험은 최근 가속화되고 있는 기후변화이다. 기후변화로 인해 남극의 환경이 지금과 달라지게 되면 이곳에 살고 있는 식물의 생장과 분포는 어떻게 달라지게 될까? 다음 장에서는 지금까지 밝혀진 기후변화 시나리오를 토대로 이들의 미래를 조심스럽게 예측해 보자.

남극좀새풀은 남극에 분포하는 유일한 벼과식물이자, 환경스트
레스에 대한 높은 저항성을 가지고 있다는 점에서 식물학자들의
큰 관심을 받아 왔다. 이 식물은 남극에서 살아남기 위해 오랜 기
간 적응과 진화를 거쳐온 결과, 지금의 모습에 이르게 된 것이다.
그렇다면 남극좀새풀과 다른 식물을 구분해 주는 특별함은 무엇
일까? 그 답을 당장 내리기는 쉽지 않다. 하지만 한 가지 중요한
사실은 이러한 특별함이 자손에게 대대로 전해지는 유전자에 기
록되어 있다는 것이다.

모든 생명체의 생김새, 대사능력, 환경저항성 등의 특징은 정보화
되어 유전자에 저장된다. 식물의 경우 잎의 모양, 꽃이 피는 시기,
환경이 변할 때의 대처법 등 식물체의 운명은 유전자에 저장된
정보에 의해 대부분 결정된다. 잎의 생김새를 예로 들어보자. 길
쭉한 잎, 동그란 잎, 뾰족한 잎, 매끈한 잎 등 식물에 따라 잎의 모
양이 다양한 이유는, 종마다 잎의 모양을 결정하는 유전자가 다르
기 때문이다. 같은 맥락으로, 유전 정보의 차이는 식물의 광합성
속도나 스트레스에 버티는 것과 같이 생존과 직결된 능력의 차이
를 결정하기도 한다. 따라서 남극좀새풀이 다른 식물이 살지 못하
는 남극의 극한 환경에서 생존할 수 있다는 사실에서, 그에 대응
하는 특별한 유전정보, 즉 특화된 유전자를 가지고 있다고 가정할
수 있다.

대한민국 극지연구소 연구팀이 남극좀새풀을 연구하던 중 찾아

낸 *DaCBF7*이라는 유전자가 있다. 식물의 저온순화 과정에서 핵심적인 역할을 하는 것으로 알려진 유전자의 일종이다. 다른 식물에서도 유사한 유전자들이 다수 발견되었지만 남극좀새풀의 특징을 감안하면 *DaCBF7* 유전자는 강한 추위에 더욱 특화된 정보를 포함하고 있을 거라는 가설을 세울 수 있다.

이런 가설을 증명하는 가장 좋은 방법은, 추위에 약한 다른 식물체에 유전공학적 방법으로 해당 유전자를 삽입하여 내냉성의 변화를 관찰하는 것이다. 남극좀새풀 *DaCBF7* 유전자를 삽입할 대상식물로는 벼가 선정되었다. 벼는 우리나라를 비롯한 아시아권의 주식이면서, 식물학 분야에서 가장 많이 연구되고 있는 작물이어서 연구기법도 잘 확립되어 있는 장점이 있다. 또한 벼는 남극좀새풀과 함께 벼과에 속하는 친척관계이면서 동시에 냉해에는 매우 약해서, *DaCBF7* 유전자가 식물의 내냉성에 미칠 수 있는 영향력을 확인하기에는 최적의 실험대상이었다.

결과는 기대 이상이었다. 내냉성 검증을 위해 *DaCBF7* 유전자삽입벼와 일반벼를 함께 저온에서 배양한 후 식물의 생존율을 조사했을 때, 일반벼의 생존율은 평균 11퍼센트로 열의 아홉은 잎이 누렇게 뜨고 죽어나갔지만, 유전자 삽입벼는 평균 54퍼센트로 생존율이 5배 정도 증가하였다[26]. 애초 예상한 대로 *DaCBF7* 유전자가 식물의 냉해 저항성을 증가시킨다는 것이 실험적으로 확인된 것이다. 다른 종의 유전자를 활용한 유사 연구는 이전에도 국내외에서 여러 건 보고되었다. 주로 겨울철 추위에 강한 밀과 보리의 유전자를 다른 작물에 도입하여 내냉성을 증가시킨 경우가 많았는데, 이들의 문제점은 유전자 도입 이후 생장이 느려지거나 개체가 적아지는 왜소발육증, 꽃이 피는 시기가 늦어지는 등 작물 생산성이 감소하는 부작용을 피할 수 없었다는 것이다. 하지만 남극좀 새풀의 *DaCBF7* 유전자를 도입한 벼는 냉해에 강하면서도 일반적인 성장 조건에서 이러한 부작용을 보이지 않아 더욱 고무적이다.

우리나라는 기상이변의 영향으로 지난 1972년, 1980년, 1988년, 1993년에 이어 2003년까지 약 10년을 주기로 냉해가 찾아왔다.

저온처리(4도)

그림 3-20

저온처리 후 일반벼와 *DaCBF7* 유전자 삽입벼의 형태적인 변화. *DaCBF7* 유전자 삽입벼의 경우 저온처리 전보다 더 생장해서 개체가 커진 것 외에는 뚜렷한 차이가 차이가 없으나 일반벼의 경우는 대부분 잎들이 누렇게 탈색되어 식물체가 죽어가고 있다.

가장 피해가 컸던 1980년에는 벼 총 생산량의 30퍼센트인 1400만 섬이 예년에 비해 감소해 이후 정부는 다양한 대책 마련에 고심해 왔다. 이론적인 수치긴 하지만 만약 *DaCBF7* 유전자 도입벼가 실제로 재배가 되었다면 1980년의 냉해 피해규모는 절반으로 줄어들었을 것이다.

남극좀새풀 뿐만 아니라 극지방의 다른 현화식물이나 선태식물들도 작물 개량을 위한 유전자원으로 활용될 수 있는 잠재력을 가지고 있다. 특히 농업분야에서 지속적으로 발생하는 가뭄피해, 이른 서리로 인한 냉해, 간척지에서 흔한 고염분 피해 등 환경조건이 알맞지 않아 생기는 작물의 피해를 줄일 수 있는 분야로 특화된 잠재적 가능성이 크다. 하지만 이런 잠재력이 현실화되기는 당분간 어려울 것이다. 과학기술의 측면에서는 이미 실현 단계에 이르렀지만, 아직 유전자변형농산물GMO, genetically modified organisms에 대한 사회적 인식이 부정적이기 때문이다. 여기서 GMO의 안전성에 대한 해묵은 논쟁을 끄집어내려는 것은 아니다. 하지만 유전자변형농산물이 품종으로 등록될 수 있도록 법제화하는 과정과, 널리 퍼져있는 맹목적인 불신감을 해소할 수 있는 사회적 분위기의 전환이 선행되지 않고서는 생명공학 기술을 활용한 식량난 해소와 식생활 개선은 의미없는 과학자들만의 잔치로 끝나버릴 것이다.

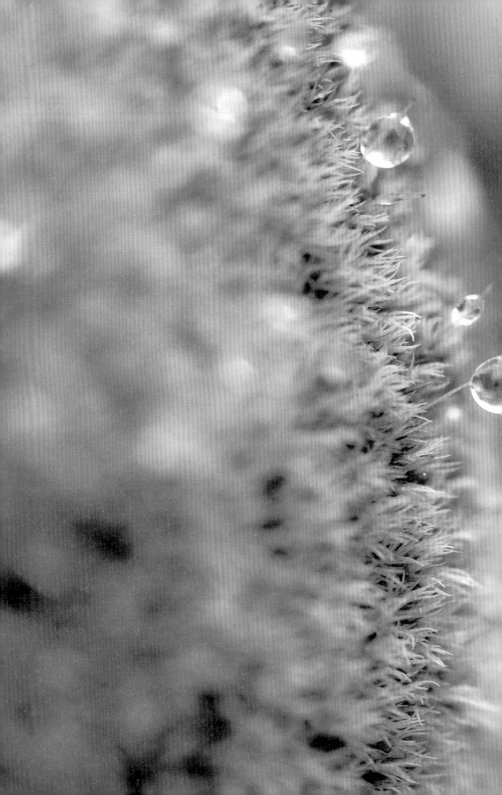

4장

따뜻해지는 남극,
식물의 기회 또는 위기

지구가 점점 더워지고 있습니다. 남극도 예외가 아닙니다. 살을 에는 추위도 아주 조금씩이지만 누그러지고, 사계절 얼음이 가득하던 빙원도 어느덧 녹아 땅이 보이기 시작합니다. 아주 오랫동안 남극의 추위에 적응해왔던 식물들은 그저 당황스럽습니다. 불과 백여 년 사이에 너무 빠르게 환경이 바뀌니 맞추고 싶어도 어쩔 도리가 없을 것입니다. 기후변화로 지구 전체의 기후가 달라지는데, 그중에서도 남극의 변화는 눈에 띌 정도라고 합니다. 그렇다면 이들 식물들은 이런 변화를 어떻게 받아들이고, 앞으로 남극의 식물은 어떤 모습으로 살아가고 변해갈까요? 이번 장에서는 전지구적 기후변화가 남극에 어떤 영향을 미치고 있는지, 그리고 남극의 식물은 앞으로 어떻게 될 것인지 조심스럽게 예측해 봅니다.

빙하가 녹아 새롭게 땅이 드러나면,
그곳에 더욱 많은 식물이 살게 되지 않을까?
그럼 언젠가는 남극에도 초원이 생길 수 있지 않을까?

세계기상기구 WMO와 국제연합환경
계획UNEP은 인간활동이 전지구 기후변화에 미치는 영향을 과학
적으로 평가하고 그 위험성을 정량화하기 위해 1988년 기후변화
에 관한 정부간 패널Intergovernmental Panel on Climate Change, IPCC을
설립하였다. 2015년 10월부터 우리나라 이회성 교수가 의장을 맡
고 있는 이 조직은 2007년 앨 고어 전 미국 부통령과 함께 노벨 평
화상을 수상하는 등 세계적으로 기후변화에 대한 심각성을 전파하
는 데 크게 기여하고 있는 대표적인 단체이다.

IPCC의 정의에 따르면 지구온난화란 지표면에 인접한 대기의
평균 온도가 장기간에 걸쳐 지속적으로 상승하는 현상을 의미한
다. IPCC 보고서와 다양한 문헌들에서 공통적으로 지적하는 것은
지구온난화가 저위도보다 고위도 지역에서 더욱 두드러지게 나타
난다는 것이다. 이러한 현상은 수치모델링을 통한 미래예측에만
기반한 것이 아니라 이미 아남극 지역의 섬들과 남극 반도에서 두

드러지게 관측되고 있어서 빠른 속도의 온난화, 자외선의 증가, 풍속의 증가 등이 이미 수 차례 보고되었다. 특히 남극의 식물은 단순한 생태계 구조와 극한의 환경조건 때문에 이러한 변화에 민감하게 반응할 수밖에 없어서, 향후 기후변화의 추세가 지속된다면 이 지역 식물들에 다양한 형태의 변화가 나타날 것으로 예상된다. 본 장에서는 현재 남극 지역의 기후변화가 어떻게 진행되고 있는지를 먼저 살펴본다. 그리고 과학자들이 예측하고 있는 미래 남극 지역 기후변화 시나리오에 근거해 미래에 남극 식물이 겪게 될 변화를 예상해 보자.

1 남극의 기후변화

남극은 여러 측면에서 기후변화 연구자들의 관심을 끌고 있다. 첫 번째 이유는 지구온난화 현상이 고위도 지역으로 갈수록 두드러지기 때문이다. 두 번째로 남극이 여타 지역과 단절되어 있고 산업을 비롯한 인간활동의 직접적 영향이 적어서 전지구적 기후변화가 특정 지역 생태계 반응에 미치는 영향을 연구하기에 적합하기 때문이다. 세 번째는 남극의 식생이 대부분 선태식물과 지의류 등으로 매우 단순해서 기후변화와 연관된 식생의 변화를 연구하기에 많은 장점을 갖고 있어서이다.

산업혁명 이전에 비해 20세기 지구 전체의 평균 온도는 약 0.8도 상승한 것으로 알려졌다[27]. 특히 이 글을 쓰고 있는 2015년은 기록적인 여름철 무더위와 함께 처음으로 연평균 기온이 1도 이상 상승한 해로 기록되었다[28].

20세기 후반, 평균 기온이 가장 높게 상승한 곳은 북아메리카 북서부, 시베리아 고원, 그리고 남극 반도 지역이다. 1.5도 이상 상승했는데, 지구 전체 평균의 2배에 달한다.

20세기 동안의 기온 변화가 "겨우" 0.8도라 생각할 수도 있지만, 여기서 잊지 말아야 할 것은 전지구의 "평균" 상승이 0.8도라는 것이다. 변화의 정도는 지역이나 계절에 따라 매우 복잡한 양상을 보인다(그림 4-1).

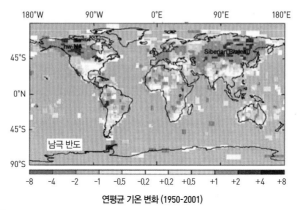

연평균 기온 변화 (1950-2001)

그림 4-1

1950~2001년 사이 지역별 연평균 지표면 기온의 변화 양상. 북아메리카 북서 지역, 북동 아시아 시베리아 고원, 남극 반도 주변 지역은 지난 50년간 1.5도 이상 온도가 상승한 지역으로, 지구 전체 평균값과 비교했을 때 약 2배의 기파른 변화를 보였다. 대륙 내에서 회색으로 표시된 지역은 데이터가 없는 곳이다.

지역별로 구분했을 때, 20세기 후반 50년간 전세계에서 가장 가파른 온도변화를 보인 곳은, 북반구에서는 북아메리카의 북서 지역과 북동 아시아의 시베리아 고원 지역이고, 남반구에서는 남극 반도 주변 지역이다. 이들 지역은 50년간 1.5도 이상 온도가 상승한 지역으로, 지구 전체 평균값과 비교했을 때 2배 정도의 가파른 변화를 보였다[29].

남극에서 기후를 연구하는 국가들은 다양한 지역에서 자동기상 관측장비Automatic Weather System, AWS를 설치하고 운영한다. 이 장비는 연중 온도, 광량, 기압, 풍속 등의 기상데이터를 측정·기록하여, 그 지역의 환경요인 변화를 알 수 있게 해준다. 남극의 온난화 정도는 기본적으로 이런 기상관측 장비에서 측정한 데이터를 기반으로 판단하지만 최근에는 넓은 범위의 인공위성 관측 정보를 활용하기도 한다.

그 동안 축적된 기상데이터를 기반으로 판단했을 때, 산업혁명 이후 남극의 온난화 현상은 지역별로 뚜렷한 차이를 보여서, 남극 반도에서 변화폭이 가장 컸고 내륙에서는 상대적으로 매우 작았다. 가장 극심한 변화를 보인 곳은 남극 반도 북서 지역 남위 65.4도의 우크라이나에서 운영하는 베르나드스키 기지로, 1951년에서 2011년 사이 3.2도가 상승했고, 겨울철 극심한 추위도 많이 감소한 것으로 나타났다.

자동기상관측장비를 통한 온도측정은 해당 지역의 데이터를 정밀하고 지속적으로 축적할 수 있는 장점이 있지만 관측 기지가 드문드문 설치되어 있고, 측정 장비간 기술적 편차가 존재하는 등 여러 가지 제한 요인이 있다. 이러한 단점을 극복하기 위해 최근에는

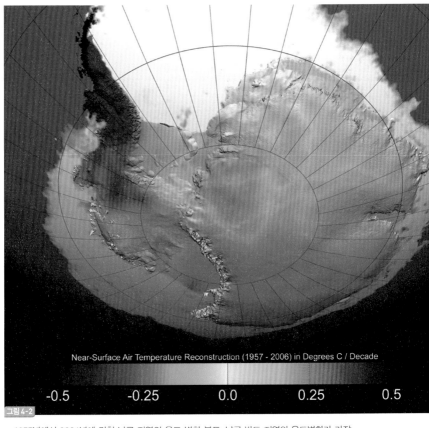

Near-Surface Air Temperature Reconstruction (1957 - 2006) in Degrees C / Decade

-0.5   -0.25   0.0   0.25   0.5

그림 4-2

1957년에서 2006년에 걸친 남극 지역의 온도 변화 분포. 남극 반도 지역의 온도변화가 가장 극심하고, 남극대륙의 일부 내륙은 약간의 감소를 보이기도 한다.

인공위성 데이터를 많이 활용하고 있다. 위성자료는 1970년대 후반 자료부터 이용 가능하다. 오도넬 등은 남극 곳곳에 설치된 자동 기상관측장비의 자료와 위성자료를 취합하여 종합적인 관측 결과를 내놓았다[30]. 그 결과 기상관측 결과와 마찬가지로 남극 반도 지역과 남극대륙의 온난화 현상에는 많은 차이가 있었다(그림 4-2). 남극 반도 주변 지역은 온난화 현상이 가장 두드러져 1957년부터 2006년까지 약 1.75도 상승했지만, 일부 남극의 내륙 지역은 오히려 약간이지만 더 추워진 곳도 있었다.

온난화 현상은 지역별 편차 뿐 아니라 계절별 편차도 있다(그림 4-3). 남극 반도에서 겨울과 가을의 50년간 온도변화는 각각 5.5 ± 4.5도와 3.1 ± 3.0도로 훨씬 두드러진 반면, 봄과 여름의 온도변화는 상대적으로 작아서 각각 1.2 ± 2.2도와 1.2 ± 1.9도였다.

따뜻해진 남극에서는 육지와 바다의 눈과 얼음이 녹고 있다. 빙붕이 빠르게 녹아 떨어져 나가고, 만년설과 빙하가 녹아 흘러내리고 있다.

그렇다면 이처럼 따뜻해진 기온이 남극에 실제로 어떤 변화를 가져왔을까? 가시적으로 가장 두드러지는 현상은 남극의 빙하와 눈이 녹아내리는 것이다. 최근 수십 년간 남극 해안가의 빙붕은 빠른 속도로 녹아내리고 육지에서 분리되고 있다. 위에서는 따뜻해진 공기가, 아래에서는 따뜻해진 바닷물이 빙붕을 점차 녹여 빙붕의 두께는 점점 얇아졌고, 어느 순간 얇아진 얼음은 따뜻한 여름날 육지로부터 분리되어 버리는 것이다. 남극

극지과학자가 들려주는 남극 식물 이야기

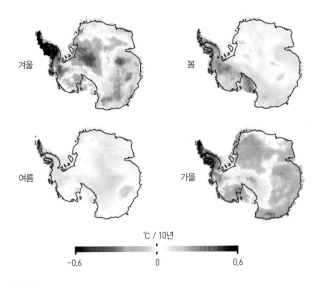

겨울 봄

여름 가을

℃ / 10년

-0.6 0 0.6

그림 4-3

1957년에서 2006년에 걸친 남극의 계절별 온도 변화 비교. 봄과 여름에 비해
가을과 겨울의 변화폭이 더욱 두드러진다.

반도에 위치한 라르센 빙붕이 대표적인 예다. 인공위성 관측 결과
라르센 빙붕은 1990년에서 2011년 사이 지속적으로 녹아내려 면
적이 감소했는데, 특히 2001년에서 2002년 사이 넓은 지역의 얼음
이 육지에서 분리되어 사라져 버렸다. 라르센 빙붕은 오랜 기간 안
정적으로 유지되었던 곳인데, 이처럼 대규모의 소실이 일어난 것
은 지난 1만 년동안 처음 일어난 사건으로 기록되어 있다.

온난화로 녹아내리는 것은 빙붕만이 아니라 육지의 빙하와 만년

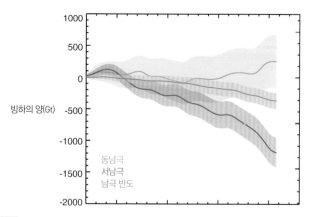

그림 4-4

남극의 지역별 육지 빙하의 양적 변화 양상. 음영으로 표시된 부분은 불확실한 구간을 나타낸다.

설에도 영향을 준다. 영국 리즈대학교 셰퍼드 박사 연구팀의 보고에 따르면 남극의 육지 빙하는 1992년에서 2011년 사이 지속적으로 녹아내려 약 1350기가톤의 얼음이 줄어들었다[31]. 이는 연간 70기가톤에 해당하는데, 연간 360기가톤이면 해수면을 1밀리미터를 상승시킬 수 있는 양이므로, 관측된 감소량은 해수면을 매년 약 0.2밀리미터씩 상승시킬 수 있는 양이다. 이러한 양상은 지역별로 차이를 보인다. 남극 반도 지역과 로스 빙붕을 포함하는 서남극 지역의 빙하 손실 속도가 가장 빠르고, 동남극 지역은 약간이지만 양이 늘어나고 있다(그림 4-4). 동남극 지역 빙하 증가의 경우, 지구 온난화로 인해 빈번해진 강수현상과 이로 인한 적설량 증가가 그

극지과학자가 들려주는 남극 식물 이야기

원인으로 지목되고 있다.[32]

　이처럼 온난화 현상은 남극의 지표면 기온을 상승시켰고, 식물의 생장에 영향을 줄 수 있는 눈과 얼음의 양에도 변화를 가져왔다. 또한 앞 장에서 살펴보았듯 최근의 오존홀로 인해 자외선이 증가하는 등 식물이 맞닥뜨리는 환경요인에는 많은 변화가 생겼다. 그렇다면 이러한 양상은 앞으로 어떤 국면을 맞게 될까? 환경요인 하나하나가 어떻게 달라지든, 남극에 살고 있는 식물들은 상당한 수준의 변화를 맞게 될 것이 분명하다.

▬
2 미래 환경변화 시나리오

　20세기 후반 이후 지구 전체 규모에서 온난화가 진행되고 있다는 사실에는 별다른 이견이 없다. 이제 과학자들을 비롯한 많은 사람들의 최대 관심은 온난화를 비롯한 기후변화가 전개될 방향에 쏠려 있다. 기후변화학자들은 지금까지 축적된 데이터와 최근 급속히 발달한 컴퓨터의 빅데이터 분석 능력을 활용하여 앞으로의 기후변화를 예측하는 시나리오를 만들고 있다. 본 장에서는 남극의 식물이 살아가는 데 큰 영향을 미칠 수 있는 온도, 수분, 자외선 등의 환경요인이 21세기에 어떻게 변화할지 예측한 연구들을 종합하고자 한다. 이 과정에서 반드시 유념할 것은 예측 작업은 일정 수준 정확도의 한계를 갖기 때문에 그 누구도 어떤 시나리오가 정확하다고 판단하기는 힘들다는 것이다. 따라서 본 장에서는 여러 보고들에서 공통적으로 예측하는 결과만을 선별해서 정리할 것이고, 기후변화의 원인 분석에 대한 내용은 이 책의 범위를 벗어나는 것으로 판단되어 다루지 않을 것이다.

20세기 후반에 온난화가 가장 심했던 곳이 바로 남극 반도다. 21세기 100년 동안에는 남극대륙 전체가 고르게 온난화를 겪고, 그중에서도 웨델 해와 남극 내륙의 고위도 지역이 심할 것으로 예측된다.

1950년경부터 현재까지 지구상에서 가장 극심한 온난화를 겪은 지역은 남극의 북서 해안에 위치한 남극 반도 지역이다. 이 지역은 남극대륙의 다른 지역에 비해 훨씬 빠르게 온난화가 진행되었는데, 이런 양상은 앞으로도 지속될까? 2008년 영국 남극연구소에 따르면 그렇지는 않을 것 같다. 이는 남극 반도의 온난화가 둔화된다기보다는 다른 지역의 온난화가 가속화되기 때문이다. 영국 극지연구소 브레이스거들 박사의 연구결과에 따르면 앞으로의 온난화 양상은 남극대륙 전반적으로 좀 더 고르게 진행될 것이고, 향후 100년 동안 가장 큰 변화는 남극 내륙의 고위도 지역과 웨델 해에서 일어날 것으로 예측된다(그림 4-5)[33]. 남극대륙의 지표온도는 매 10년마다 0.34±0.10도씩 올라갈 것으로 예상되고, 이는 다른 대륙과 유사한 수준이다.

이러한 온난화의 정도는 계절마다 다르다. 겨울철이 더욱 두드러져서 일부 해안가의 겨울철 지표온도는 매 10년마다 0.51±0.26

극지과학자가 들려주는 남극 식물 이야기

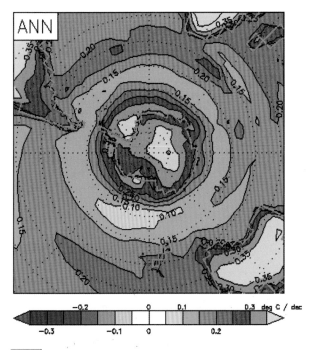

그림 4-5

21세기 동안 예측되는 남극의 지표온도 변화(도/10년). 2080년~2099년 평균 지표온도과 2004년~2023년 평균 기온의 차이

도씩 올라갈 것으로 예상된다. 온난화 현상이 가장 두드러지는 지역은 동남극의 고산지역으로 예상되지만, 지표온도는 여전히 영하로 머물 것이므로 이 지역의 빙하가 녹지는 않을 것이다.

온도와 너불어 식물의 생상에 큰 영향을 주는 환경요인은 물이다. 남극 지역에서 식물이 얻을 수 있는 물은 비의 형태로 내리는 강수와 여름철 빙하나 쌓인 눈이 녹아서 만들어지는 융설수이기 때문에, 식물과 연관된 물의 변화를 예측하려면 강수량과 얼음양의 변화를 함께 고려해야 한다.

　남극 지역 전체의 연평균 강수량은 166밀리미터 정도다. 지역별 편차는 매우 커서 남극 반도 지역은 연평균 600밀리미터 이상인 반면 남극 내륙의 고원지대는 연간 50밀리미터 밖에 되지 않는다. 통상 연평균 강수량이 250밀리미터 미만인 지역을 사막으로 정의하는 것을 감안하면 남극대륙의 해안 지역을 제외한 대부분 지역

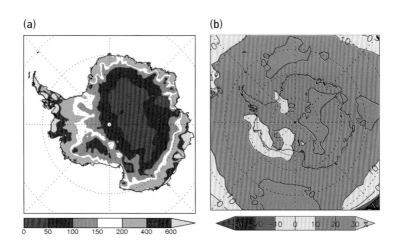

(a)

(b)

0　50　100　150　200　400　600

-30 -20 -10 0 10 20 30

그림 4-6

(a) 현재 남극 지역의 연평균 강수량 분포 (b) 향후 100년 기간 예측되는 남극 전역의 연평균 강수량 변화. 2080년~2099년 평균값과 2004년~2023년 평균값을 비교하여 21세기 초반 대비 증가율로 표시했다.

　극지과학자가 들려주는 남극 식물 이야기

은 건조한 사막 지대다.

향후 100년 남극의 강수량은 매 10년마다 2.9±1.2밀리미터 증가할 것으로 예상된다. 현재와 비교하면 약 20퍼센트 증가하는 수준이다(그림 4-6). 일차적인 원인은 온난화로 주변 공기층이 따뜻해져 더 많은 습기를 품게 되기 때문이다. 지역별로 심한 강수량 편차는 향후에도 유지될 것으로 보인다. 동남극 내륙의 고원지대에서는 25퍼센트 내외로 가장 높은 증가율이 예상되지만 이 지역은 연강수량이 50밀리미터 내외로 매우 적고 식생이 드물어서 이

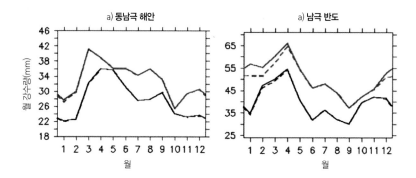

그림 4-7

동남극 해안지역과 남극 반도 지역의 연중 강수량 변화 예측 비교. 월평균 강수량의 1981–2000년 평균값과(검은색) 2081–2100년 평균값(붉은색) 사이의 비교. 실선은 전체 강수량, 점선은 강설량을 의미한다. 여름철 남극 반도를 제외하면 비의 양은 무시할 만한 수준이다. 동남극 해안은 고도 2000미터 이하의 경도 30˚W과 180˚E 사이, 위도 78도 이북의 지역이다. 남극 빈도는 위도 75도보다 이북이면서 경도 80˚W와 50˚W 사이 지역이다.

지역의 강수량 변화가 식물에 주는 영향은 무시할 만한 수준이다.

지역별로 좀 더 자세히 들여다보면 동남극 해안가 지역은 겨울과 여름철 강수량 증가가 클 것으로 보이고, 남극 반도 지역은 가을철의 변화가 상대적으로 작지만 나머지 계절은 비슷한 수준으로 증가하여 현재의 계절별 양상에서 크게 벗어나지 않을 것이다(그림 4-7)[34]. 남극 반도 지역 강수의 특징은 여타 지역에 비해 여름철 비로 내리는 강우의 비중이 두드러지게 많다는 것이다. 비는 내리는 즉시 식물이 이용할 수 있는 액체 상태의 물이므로 눈보다는 더욱 큰 영향을 미칠 수 있다.

남극의 빙하가 녹아내리면서, 앞으로 100년 후에는 1만 년 이래 최소 수준의 빙하만 남을 것이라고 예측된다. 남극 반도에서 식물이 이용할 수 있는 물의 양은 장기적으로 감소할 것으로 보인다.

강수량과 더불어 남극 환경 내 물의 양을 결정하는 또 하나의 중요한 요인은 얼음의 양이다. 빙하의 형태이든, 만년설 또는 새로 쌓인 눈이든 식물 주변에 분포하는 얼음은 영상의 온도에서 언제든 물로 전환될 수 있는 잠재적 물의 원천이다. 현재의 기후변화 양상에 맞추어 향후 남극 반도 지역 빙하의 양적 변화를 예측한 영국 런던대학 데이비스 박사의 결과에 따르면, 적용된 기후변화 예측 시나리오에 따른 편차는 있지만, 이 지역 빙하의 양은 지속적으로 감소할 것으로 예측된다(그림 4-8). 100년 이내에 최근 1만 년의 기록 중 최소 수준의 빙하만 남을 것이고, 200년 후에는 이 지역 빙하가 대부분 녹아 없어질 것이다. 남극 반도 지역에서 강수량이 지속적으로 증가하더라도, 온난화로 녹아내리는 빙하의 양을 보상하기에는 부족하기 때문에 식물이 이용할 수 있는 물의 양은 장기적으로 감소할 것으로 예측된다[35].

흔히 몬트리올 의정서로 알려져 있는 "오존층 파괴물질에 관한 몬트리올 의정서"는 염화불화탄소 또는 프레온, 할론 등 대기권의 오존층을 파괴하는 물질 사용을 금지하여 오존층 파괴로 인한 인체 및 동식물 피해를 최소화하려는 목적으로 1989년 발효되었다. 다행히 이후 오존층 파괴물질의 사용이 급감하여 오존홀은 일부 회복되는 양상을 보이고 있지만 오존 수치가 1980년 수준으로 회복하기 위해서는 앞으로 최소 수십 년은 더 기다려야 할 것으로 보인다. 대기 중 오존층 파괴물질 농도는 꾸준히 감소하고 있지만 오존층 변화는 악화되지 않는 수준에서 머물고 있기 때문이다.

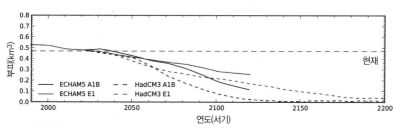

그림 4-8

향후 200년 남극 반도 빙하의 양직 변화 추이 예측. 네 가지 서로 다른 시뮬레이션 결과가 나와 있다.

뉴질랜드 국립수자원대기연구소의 맥켄지 박사 연구팀의 연구 결과에 따르면, 21세기 말까지 지구의 연평균 자외선 양은 북반구의 경우 2020년대에 1980년 수준으로 회복할 것이고, 남반구에서는 좀 더 더딜 것으로 예측된다[36]. 지구 전체 기준 21세기 전반기 자외선 양은 빠른 속도로 감소할 것이고, 후반기 감소 속도는 다소 늦춰질 것이다. 이러한 경향은 남극 지역에서 더욱 극명할 것이다. 21세기 전반기 동안 남극의 자외선 양은 급격히 감소하여 2050년경 1980년의 수준을 회복할 것이고, 21세기 말에는 더욱 감소하여 1960년대 이전 수준까지 회복할 것으로 보인다(그림 4-9). 하지만

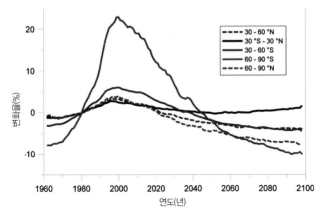

그림4-9

1980년 대비 연평균 자외선 양의 변화 예측. 해당 위도 지역 내 평균치를 5년 평균값으로 나타내었다. 남극의 자외선 양은 21세기 전반기에 급격히 감소하여 2050년경에 1980년 수준을 회복하고, 2100년경에는 1980년 대비 10% 감소한 수준까지 낮아질 전망이다.

극지과학자가 들려주는 남극 식물 이야기

구름의 양이나, 공기의 오염도, 에어로졸 농도 등 자외선 양에 영향을 미칠 수 있는 불확실한 기후 요소들에 의해 실제 변화는 예측을 벗어날 수 있다는 것도 감안해야 한다.

오존홀의 회복으로 인한 자외선 감소는 남극 지역의 식물에게는 긍정적으로 작용할 것이다. 하지만 과학자들이 예상하는 2100년까지 기후변화 양상을 살펴볼 때, 남극 반도가 위치한 해양성 남극 지역은 온난화 현상이 지속되어 더욱 더워질 것이고, 강수량은 증가하지만 빙하의 양은 지속적으로 감소할 것으로 보인다. 이러한 기후의 변화가 남극 지역 식물의 생활에는 어떠한 변화를 가져오게 될까?

3 식물의 기회 혹은 위기

기후변화라는 거대한 개념에 맞추어 고려해야 할 환경요인은 수없이 많지만, 식물의 생장과 관련하여 가장 중요한 환경요인은 온도, 물, 빛이다. 기후변화가 진행되더라도 남극에 유입되는 태양에너지의 양은 크게 변하지 않을 것이고 오존홀 회복으로 인한 자외선 감소가 예상되는 등, 빛의 변화로 인한 영향은 다른 요인들에 비해 그리 크지 않을 것으로 보인다. 따라서 빛과 관련된 변화는 논외로 하고, 이번 절에서는 향후 기후변화의 핵심 요인인 온도와

물의 변화에 기반한 남극 식물의 반응을 예측해 보자.

온난화가 지속되면서, 남극 특히 해양성 남극의 식물군집에도 변화가 생겼다. 식물의 생장에 유리한 환경이 조성되었고, 육지의 빙하가 사라져 잠재적 서식지가 넓어졌다.

현재의 예측결과를 토대로 판단할 때 남극의 온도가 꾸준히 상승하고, 식생이 접하게 될 환경도 점차 따뜻해질 것이라는 데 이견이 없어 보인다. 최근 해양성 남극에서 두드러진 온난화 현상은 이미 이 지역 식물군집에 많은 변화를 가져왔다. 1940년대부터 꾸준히 여름철 기온이 증가한 시그니 섬의 환경은 식물의 생장에 더욱 유리해졌고, 육상의 빙하가 많이 사라져서 잠재적인 서식지가 더 넓어졌다.

이러한 온난화 현상으로 남극 지역 현화식물의 개체수와 분포 범위가 크게 증가하였다. 남극 반도 서편에 위치한 아르헨티나 군도의 경우, 1964년부터 1990년 사이에 개체수 기준으로 남극좀새풀은 25배, 남극개미자리는 5배 증가하였다[37]. 이들의 급속한 확장은 아르헨티나 군도 전반의 여름철 평균 기온이 섭씨 1도 정도 증가했기 때문이라고 보인다. 특히, 생장기간의 기온이 상승하고 기간이 더 길어짐에 따라 이들의 생식 성공률도 증가한 것으로 보인다.

이처럼 1도 내외의 작은 온도 변화일지라도 식물의 생장과 분포에 주는 영향은 막강하다. 하지만 앞서 제시된 연구결과는 매우 단편적인 예시일 뿐, 온도 변화와 식물 생장간의 직접적인 연관성을 실험적으로 알아내기는 쉽지 않다. 온난화에 의한 식물의 반응을

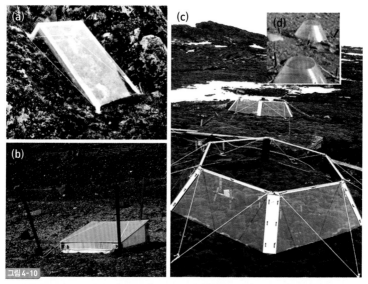

그림 4-10

남극에서 온난화 모사실험을 위해 활용되어 온 다양한 형태의 온실들 (a) 폐쇄형 (b) 공기순환형 (c, d) 개방형

직접 알아보기 위해 과학자들이 보편적으로 사용하는 방법은 상부 개방형온실Open Top Chamber, OTC을 활용하는 것이다. 이 방법은 남극 현장에 아크릴을 비롯한 다양한 재질로 제작된 벽을 설치하여 온실과 같은 효과를 만들어냄으로써 내부 온도를 외부보다 일정 정도 증가시켜 내부 식생의 반응을 관찰하는 실험이다. 밀폐형, 공기순환형, 상부개방형 등 다양한 형태를 시도해 왔고, 현재는 상부 개방형의 형태가 가장 보편화되었다(그림 4-10).

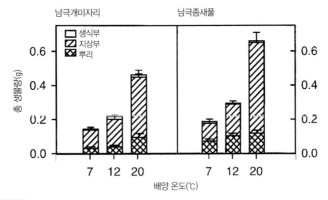

남극개미자리　　　　　　남극좀새풀

그림 4-11

각기 다른 온도에서 90일간 키운 남극개미자리와 남극좀새풀의 생물량 비교. 두 식물 모두 공통적으로 기온이 올라갈수록 지상부의 중량이 증가하였다.

　　토머스 데이 박사 연구팀은 남극 반도의 서해안에 위치한 작은 섬에 상부개방형온실을 설치하여 식물의 생장 반응을 연구하였다.[38] 설치한 온실의 내부 온도는 낮 평균 2.2도, 일 평균 1.2도 상승하였다. 2년 간의 조사 결과, 온실 내의 남극개미자리는 온실 밖의 남극개미자리에 비해 두 배 가까이 많은 새로운 잎을 만들어냈으며, 줄기의 생산도 30퍼센트 정도 증가하였다. 남극좀새풀의 변화는 상대적으로 매우 작아서, 이 지역의 온난화가 지속되면 남극개미자리의 분포가 좀 더 확장될 것이라 기대된다.

　　또한 서로 다른 온도 조건(7도, 12도, 20도)에서 남극좀새풀과 남극개미자리의 온도별 생장반응을 살펴보았더니 두 식물 모두 온도

156　　　　　극지과학자가 들려주는 남극 식물 이야기

가 올라갈수록 성장이 촉진되어 식물체의 무게가 증가하였다(그림 4-11)[39]. 현재 해양성 남극 지역의 여름 낮의 평균기온은 2도 내외로 이들의 최적 광합성 온도인 12도에 비해 현저히 낮기 때문에 한동안은 광합성량도 증가할 것이다. 남극의 온난화가 현재 남극에 분포하는 식물에게는 기회로 작용할 것임에는 틀림없다.

하지만, 오랫동안 남극의 환경에 적응해 온 남극 식물에게 따뜻해진 기온이 반드시 유리하게 작용하지만은 않을 것이다. 특히 순광합성량의 변화는 식물의 생산성과 직결된다. 순광합성량은 총광합성량에서 호흡량을 뺀 값으로, 총광합성량이 호흡량보다 많으면 순광합성량은 양의 값을 갖지만, 호흡량이 총광합성량을 능가하면 순광합성량은 음의 값을 갖게 되고, 에너지 생산량보다 소모량이 더 많은 상태가 되어 생장에는 불리한 조건이 된다.

> 남극이 따뜻해지더라도 남극 식물에게 반드시 유리하지만은 않을 것이다. 오랫동안 추운 환경에 적응해온 식물들에게 따뜻한 기온으로 호흡량이 늘어나면 순광합성량이 줄어 생장에는 불리할 수 있다.

식물의 경우 광합성을 위한 적정한 온도 범위가 종마다 다르고 적정온도 이상으로 온도가 증가하면 호흡량 증가로 인해 순광합성량이 꾸준히 감소하는 경향이 일반적이다. 남극 현화식물의 경우 온도가 올라감에 따라 순광합성량이 0이 되는 온도는 약 35도, 낮싯털이끼는 15-20도 범위나(그림 4-12)[40]. 따라서 이 온도 이상으로 환경이 더워지면 더 이상 생장이 힘들어진다. 종별 온도범위를

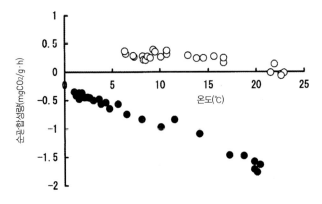

그림 4-12

낮깃털이끼의 온도별 순광합성량과(흰색) 호흡량(검은색) 변화. 15도 이상에서 온도가 증가할수록 순광합성량은 감소했고, 호흡량은 0도 이상에서부터 온도와 비례관계를 보인다.

고려할 때 선태식물보다는 현화식물이 온난화에 유리해 보인다.

남극 지역의 온난화가 다소 제한적이지만 식물의 생장에 긍정적인 영향을 미치리라 예상되는 것과 달리, 물에 관해서는 다소 전망이 복잡하다. 현재 남극의 많은 지역은 극지 사막으로 분류되는 매우 건조한 환경이다. 남극의 극심한 저온환경이 대부분의 물을 빙하와 눈의 형태로 만들어버려 사막과 같은 건조한 환경을 만들기 때문이다. 물과 관련한 향후 전망의 핵심은 이러한 건조 현상이 더욱 심해질 것인지 아니면 덜해질 것인지를 예측하는 것이다. 결론부터 말하면, 어느 한쪽으로 결론을 내리기보다는 시기와 지역에 따라 다르다 할 수밖에 없다.

남극에서 식물이 생장하는 여름철, 물은 비나 눈 등의 강수와, 주변부의 눈이나 얼음이 녹아서 흘러내리는 융설수의 두 가지 형태로 공급된다. 남극 반도를 포함한 해양성 남극의 경우 단기적으로는 강수량 증가와 온난화로 인한 융설수의 양 증가로 물이 더욱 풍부해질 수 있다. 하지만 장기적으로 온난화가 지속되면 이 지역 대부분의 빙하와 만년설이 사라지고 여름철 융설수가 공급되지 않아 더욱 건조해질 것으로 전망된다. 대륙의 동남극 해안 지역도 이와 유사한 변화를 겪을 수 있지만, 변화의 폭은 상대적으로 작고, 지역적으로 변화의 방향과 편차는 클 것으로 보인다.

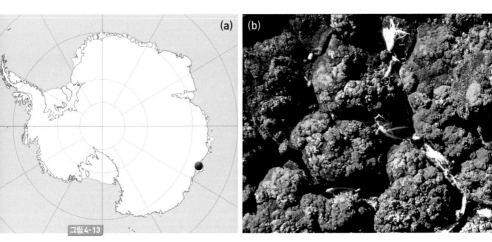

그림 4-13

(a) 동남극 해안 인근의 윈드밀 섬 위치와 (b) 윈드밀 섬에서 쉽게 찾을 수 있는 죽은 선태식물 (갈색 덩어리) 위에 번성하고 있는 지의류들. *Xanthoria mawsonii* (주황색), *Candelariella flava*와 *Caloplaca citrina* (노랑색), *Psudephebe minuscula* (검정색)

온난화로 얼음과 눈이 녹아 장기적으로 육지는 더욱 건조해질 것이라는 예측이 있다

온난화와 얼음의 감소로 더욱 건조한 환경이 될 것이라는 예측은 이미 현실이 되고 있다. 동남극 해안 근처에 위치한 윈드밀 섬에서(66° 20′ S 110° 28′ E) 죽어버린 선태식물 더미 위에 다양한 지의류들이 번성하고 있는 것이 발견되었다(그림 4-13). 이 지역은 오랫동안 주변지역의 빙하가 감소하면서 더욱 건조해진 곳이다. 따라서 건조한 환경을 버티지 못한 선태식물들이 점차 감소하고, 건조환경에 더욱 특화된 생활형태를 가지고 있는 지의류들이 그 자리를 대체하는 양상이다[41]. 이처럼 전반적으로 건조화가 심해지면 선태식물과 현화식물에게는 점차 불리한 환경이 될 것이고, 선태식물이 말라죽은 곳은 유기양분이 풍부하기 때문에 건조에 잘 버티는 지의류들의 정착과 번식이 가속화될 것으로 예상된다.

하지만 건조한 환경이 모든 선태식물들에게 동일하게 부정적인 영향을 미치진 않을 것이다. 3장에서 이미 살펴보았듯이, 선태식물은 종마다 건조한 환경에 대처할 수 있는 능력이 다르기 때문이다. 윈드밀 섬에 서식하는 선태식물 세 종을 대상으로 진행한 호주 울런공 대학 로빈슨 박사 연구팀의 결과를 보면, 건조와 침수에 대한 종별 저항성의 차이는 이들이 분포하는 지역 환경과 밀접하게 연관되어 있다[17]. 침수에 약하지만 건조에 강한 *Ceratodon purpureus*는 주로 건조한 지역에, 반대로 침수에는 강하지만 건조에 취약한

*Schistidium antarctici*는 주로 습한 지역에, 건조와 침수에 대해 모두 중간 정도의 저항성을 갖춘 *Bryum pseudotriquetrum*는 대부분의 지역에서 고르게 발견되었다. 이렇듯 이들 세 종 선태식물들은 생장에 필요한 물의 요구량 기준이 뚜렷이 구분되는 특징을 보인다. 그렇다면 이들 종의 분포는 미래에는 어떻게 달라지게 될까?

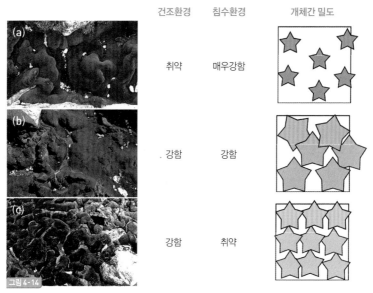

건조와 침수환경에서 남극 선태식물 세 종의 저항성 차이. *Schistidum antarctici*(a)는 침수에는 강하지만 건조에 취약했고, *Ceratodon purpureus*(c)는 건조환경에서 다른 종에 비해 유리하고 침수에는 취약했다. *Bryum pseudotriquetrum*(b)은 두 가지 환경 모두에서 중간 정도의 적응력을 보유하고 있다. *Schistidium antarctici*는 개체간 밀도가 가장 낮고 개체 사이 빈 공간이 많아서 수분 보유능력이 취약하다.

현재 윈드밀 섬에서 관측되고 있는 온난화와 건조화 현상이 향후 지속된다고 가정하면, 이들 세 종의 선태식물과 지의류의 미래 분포는 사뭇 달라질 것이다. 현재보다 더욱 건조한 지역이 늘어나게 되어 건조에 강한 지의류와 *Ceratodon purpureus*의 개체수와 분포 지역이 늘어날 것이다. 반대로 건조에 취약한 *Schistidium antarctici*의 경우 분포 지역이 감소할 것으로 예상되고, 건조가 심화되는 일부 지역에서는 아예 사라져버릴 위험도 안고 있다(그림 4-14). 이처럼 환경의 변화는 식생의 분포를 역동적으로 변화시키기고 일부 식물을 멸종시켜 버릴 수도 있다.

육지를 덮고 있던 빙하가 녹으면서 땅이 드러나, 식물이 정착할 수 있는 공간이 늘어나게 된다. 이렇게 빙하가 물러나 노출된 땅인, 빙퇴지역에 선태식물과 지의류가 살면서 식물이 살게 되는 생태적 천이가 일어날 것으로 예상된다.

지속적인 온난화로 인해 융설수의 원천인 빙하와 얼음이 감소하면 장기적으로 환경이 더욱 건조해져 식물의 생장에 부정적인 영향을 미칠 수 있다. 하지만 빙하로 덮여있던 땅이 노출되어 식물이 정착할 수 있는 공간이 증가한다는 긍정적인 측면도 있다. 이러한 남극의 미래를 미리 볼 수 있는 대표적인 지역이 아남극에 위치한 허드 섬 브라운 빙하 지역이다(53°04′S 73°39′E)(그림 4-15). 1947년에서 2004년 사이, 브라운 빙하는 288제곱킬로미터에서 204제곱킬로미터로 29퍼센트 줄어들었고 빙하의 경계선은 내륙으로 1.1킬로미터 후퇴하여 80제곱킬로미터 이상의 땅이 새로이 노출되었

극지과학자가 들려주는 남극 식물 이야기

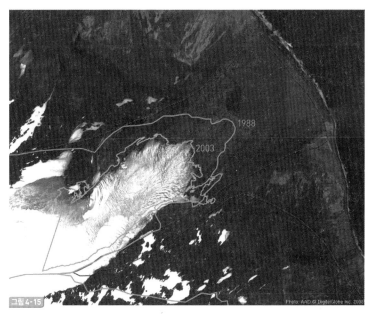

Photo: AAD © DigitalGlobe Inc. 2008

2008년 3월에 촬영한 허드 섬 브라운 빙하의 인공위성 사진. 1947년 이후 꾸준히 육지 빙하의 양이 줄어드는 것을 확인할 수 있다.

다[42]. 같은 기간 이 지역의 평균기온은 0.9도 상승하였다.

이처럼 기존에 빙하로 덮여 있다가 새로이 드러나는 땅을 빙퇴지역이라 한다. 빙퇴지역은 새로 형성된 삼각주나 화산섬처럼 이전에 생물 군집이 서식하지 않았던 지역이다. 이런 곳에서 새로이 생물 군집이 발생하고 변화하는 과정을 생물학적 천이라 한다.

일반적으로 온대지역의 식생은 지의류와 선태식물 등의 개척자

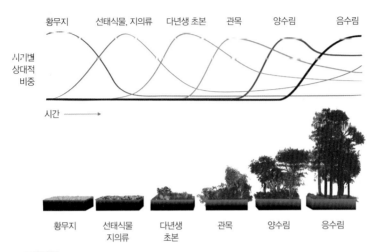

황무지 　　선태식물, 지의류　　다년생 초본　　관목　　양수림　　음수림

시기별
상대적
비중

시간 ⟶

황무지　　선태식물　　다년생　　관목　　양수림　　응수림
　　　　　지의류　　초본

그림 4-16

전형적인 생물학적 천이의 진행 과정. 비어있는 땅을 개척하는 것은 지의류와 선태식물이다.

생물이 최초 정착한 후, 초원 → 관목림 → 양수림 → 혼합림 → 음수림의 순으로 변화한다(그림 4-16). 이처럼 불모지에서 일어나는 천이를 1차 천이, 산불이나 산사태와 같은 생태적 교란으로 이전 군집이 파괴된 후 새로이 형성되는 군집의 변화를 2차 천이라 한다. 전형적인 천이과정의 마지막 단계에서 잎이 얇고 넓은 음지식물이 우점하게 되면 더 이상의 식물 군집의 변화는 일어나지 않게 되고, 이러한 천이의 마지막 단계를 극상이라고 한다.

　이탈리아 토리노대학의 파베로 롱고 박사 연구팀은 시그니 섬에서 오랫동안 빙퇴지역의 천이과정을 지켜보았다[43]. 빙퇴지역의 천이는 크게 3단계로 진행된다. 최초 땅이 노출된 이후 수십 년 동안 빠른 속도로 진행되는 개척자군집 단계, 수백 년 동안 지속되는 중간 단계의 미성숙군집 단계, 이후의 극상군집 단계다. 이 지역의 대표적인 개척자 생물은 *Bryum* 속의 선태식물과 질소고정 능력이 있는 *Acarospora macrocylos, Caloplaca sublobulata* 등의 지의류다. 개척자군집 단계에 있는 시그니 섬의 빙퇴지역에서는 *Bryum archangelicum*과 *Bryum pseudotriquetrum*이 개척자 생물로 가장 많이 발견되었다(그림 4-17). 향후 남극 지역에서는 새로이 형성되는 빙퇴지역이 꾸준히 증가할 것이므로, 한동안 개척자 생물인 *Bryum* 속의 선태식물과 일부 지의류의 분포가 남극반도와 동남극 해안가 주변에서 꾸준히 증가할 것으로 예상된다.

새로이 드러난 빙퇴지역이 극상군집을 이루기까지는 수백 년 정도의 기간이 소요된다. 남극 지역에서 습한 곳의 극상군집은 주로 *Polytrichum striatum - Chorisodontium aciphyllum*로 구성되지만, 건조한 지역의 극상군집은 *Usnea - Andreaea*로 구성된다. 이 지역의 극상군집이 어떤 구성을 갖게 될 지는 수백 년 후의 기후변화가 어떤 방향으로 진행되느냐에 따라 결정될 것이다.

향후 100년 동안 남극은, 꾸준한 온난화, 단기적인 빙하 융설수 증가, 빙하 감소로 인한 장기적인 건조화, 새롭게 형성되는 빙퇴지역의 면적 증가와 같은 변화를 겪을 것으로 예상된다. 그에 맞추어

그림 4·17

빙하후퇴 지역에서 대표적인 개척자 역할을 하는 *Bryum archangelicum*(왼쪽)과 *Bryum pseudotriquetrum*

단기적으로는 현화식물이 번성하고, 장기적으로는 건조에 강한 선태식물과 지의류가 세력을 더욱 넓혀갈 것이다. 건조에 취약한 일부 선태식물은 개체수가 점차 감소하고, 때로는 멸종위기에 놓일 수도 있다. 새로이 형성되는 빙퇴지역에서는 한동안 개척자 생물인 선태식물과 지의류가 유입되어 번성할 것이다. 그 동안 남극의 식물들은 다양한 환경스트레스를 잘 견디고 극복할 수 있는 방향으로 진화되어 왔다. 이러한 적응은 경쟁력 감소에 대한 대가이기 때문에 다른 그 어느 지역보다 외래종의 유입에 취약할 수밖에 없다. 해양성 남극에서 두드러지는 온난화 현상과 증가된 인간활동의 시너지 효과로, 외래종의 유입과 정착의 자연 장벽이 사라지거나 낮아질 가능성도 높으므로 우리는 남극 전역 식물 군집의 변화를 장기적으로 주의깊게 살펴보아야 할 것이다.

극지과학자가 들려주는 남극 식물 이야기

감사의 글

부족하고도 부끄러운 글을 세상에 내보일 생각을 하게 된 것은, 극지과학 선진국의 꿈을 품은 대한민국에서 남극의 식물을 체계적으로 정리한 우리말로 된 책을 찾을 수 없었기 때문이다. 생물학을 공부하는 학생이나 극지과학에 관심있는 일반인들이 극지의 식물에 대한 궁금증을 해결할 수 있는 작은 입문서로 이 책을 활용해 주길 바란다. 고백하건대 이 글은 개인의 저작물이라기보다, 해마다 남극으로 달려가는 여러 나라 과학자들의 노력의 산물을 모으고 정리한 것이다. 이들의 헌신적인 노고에 감사하며, 앞으로 나의 연구활동도 이들과 더불어 학문 발전에 한줌 보탬이 되기를 다짐해 본다. 책을 출간할 수 있는 기회를 주신 극지연구소와 지식노마드의 실무적인 도움에 감사드리고, 이 책의 오류를 바로잡기 위한 조언을 아끼지 않으신 극지연구소 김백민, 김태완, 이정은, 이준혁 박사님과 서강대학교 이병하 교수님께 감사를 표한다.

용어설명

● **엽록소**chlorophyll

남세균 또는 조류와 식물의 엽록체에서 발견되는 초록색 색소의 총칭이다. 엽록소는 광합성 과정에서 빛의 흡수라는 기본적이며 중요한 역할을 담당한다. 빛의 파장대 중 청색과 적색 영역을 강하게 흡수한다. 녹색 영역은 거의 흡수하지 않기 때문에 엽록소가 있는 식물의 잎은 초록색으로 보인다.

● **셀룰로스**cellulose

$(C_6H_{10}O_5)n$의 화학식을 가진 유기물로, 수백 내지 수천 개의 글루코스 단위체가 사슬 형태로 결합되어 있다. 식물의 1차 세포벽을 구성하는 주요물질이며, 지구에서 가장 풍부하게 존재하는 유기물 중합체다.

● **리그닌**lignin

식물의 세포벽에 풍부한 유기물 복합체다. 관다발 내 물관벽에 코팅되는 소수성 물질로, 고무호스처럼 관다발 내에서 물이 벽에 들어붙지 않게 해 물의 수송을 용이하게 한다. 식물과 일부 조류들이 곧바로 자라도록 몸을 지탱해주는 벽돌과 같은 역할도 한다.

● **누나탁**nunatak

그린란드의 이누이트들이 사용하는 방언 nunataq에서 유래한 말로, 빙하 지역에서 얼음이나 눈으로 뒤덮이지 않고 삐죽하게 노출된 봉우리 형태의 지형을 말한다. 누나탁에 서식하는 생물상은 주변의 빙하 지역과 크게 달라서 종종 연구대상이 된다.

● **분류군**taxon

분류학자들이 정의한 개념으로, 공통의 조상에서 유래한 생물 무리를 말한다. 이들은 다양한 계급으로 다시 구분되는데 일반적으로 종-속-과-목-강-문-계로 나누어진다. 생물 분류의 기본 단위인 종은 이명법에 의해 속명과 종소명 두 부분으로 구성되는 학명으로 불린다. 예를 들어 남극좀새풀의 학명인 *Deschampsia antarctica*의 경우, *Deschampsia*는 속명, *antarctica*는 종소명이다.

● 계통수phylogenetic tree

여러 생물종 또는 생물 그룹간의 진화적 관계를 나무 형태로 나타낸 그림이다. 생물의 형태적 또는 유전적 특징의 차이와 공통점을 토대로 만들어진다. 계통수에서 같은 그룹으로 묶이는 분류군은 공통의 조상에서 유래했음을 의미한다.

● 물질 순환nutrient cycle

생태계 내에서 물질은 먹이의 흐름과 함께 이동한다. 생물에 필요한 모든 물질은 비생물 환경으로부터 생산자로 들어오고, 먹이연쇄를 통해 소비자로 옮겨가서 마침내 분해자에 의해 다시 비생물 환경으로 되돌아간다. 이처럼 생태계 내에서 순환적으로 이루어지는 유기물과 무기물의 이동을 물질 순환이라 한다.

● 차축조류Charophyceae

조류의 일종으로 경우에 따라 녹조류에 포함되기도 하지만, 많은 경우 육상식물의 진화적으로 가장 가까운 생물군인 차축조류로 따로 분류된다. 유성생식, 광합성 특성, 그리고 엽록체 DNA 염기서열 등을 종합적으로 보았을 때 육상식물의 가장 원시적인 특성을 가지고 있다.

● 우점dominance

식물생태학에서 우점이란 군집 내 특정 분류군이 다른 경쟁자들보다 더 많은 개체 또는, 더 많은 생물량으로 존재하는 현상을 말한다. 서로 다른 지역의 생태적 군집은 우점종도 다르다. 예를 들어 서유럽 습지의 우점종은 오리나무, 적도 지역 늪지대의 우점종은 맹그로브.

● BSA 단백질bovine serum albumin

소의 혈청에서 분리한 알부민 단백질로, 단백질 정량 및 효소 안정화 등 다양한 실험과정에 사용된다. 여러 생화학적 반응에 참여하지 않아 다른 효소의 활성에 영향을 미치지 않고 또한 저렴하기 때문에 실험실에서 널리 사용된다.

● 대조군control group

특정 처리방법이 생물에 미치는 영향을 알아보는 과학 실험 설계과정에서, 설정된 가설의 검증을 위해 특수처리된 생물 그룹을 실험군experimental group이라 하고, 이와의 비교를 위해 아무 처리를 하지 않거나 영향을 주지 않는 표준화된 처리만 적용한 그룹을 대조군이라 한다. 예를 들어, 저온이 식물에 미치는 영향을 보고자 할 때, 0도나 4도의 저온조건에서 키운 식물체는 실험군, 15도의 상온에서 키운 식물체는 대조군이다.

● 광보호photoprotection

식물의 경우 과도한 양의 빛은 광합성기구에 과부하를 일으키기도 하고 세포내에서 산화적 스트레스를 증가시켜 광합성 등 세포 대사에 부정적인 영향을 미치는 광저해 현상을 일으킨다. 이를 피하기 위해 과도한 에너지를 열의 형태로 방출하는 등 식물이 갖추고 있는 일련의 보호작용을 광보호라 한다.

● 온실가스greenhouse gas, GHG

대기권에서 적외선의 일부를 흡수하고 재방출하는 기체를 통칭한다. 지구 대기의 주된 온실가스는 수증기, 이산화탄소, 메탄이다. 태양계에서 지구 외에도 금성, 화성, 토성의 위성인 타이탄도 온실효과를 일으키는 대기 성분을 갖고 있다. 이들은 지구온난화를 일으키는 온실효과의 주원인으로 알려져 있다.

● 빙붕ice shelf

육지의 빙하가 저지대로 밀려 내려와 해안가 부근에서 바다와 만나게 되어, 빙하와 연결된 끝자락 일부가 바다에 떠있는 부분을 말한다. 그 두께가 얇게는 100미터에서 두껍게는 1000미터에 이른다.

● 융설수meltwater

남극의 여름철 얼음이나 눈이 녹아서 생기는 물이다. 종종 빙퇴지역에서 여름철 온도가 올라가면 얼음이 대규모로 녹아내려 강이나 폭포를 만들기도 한다. 융설수가 한 곳에 고이게 되면 호수가 만들어지고 극지방 담수생물의 주요 서식처가 된다.

참고 문헌

1 강원희 외 11인 역. 린다 E. 그래엄, 제임스 M. 그래엄, 리 W. 윌콕스 저. (2008) 일반 식물학 제2판. 월드사이언스

2 Robinson, S. A., Wasley, J., & Tobin, A. K. 2003. Living on the edge –plants and global change in continental and maritime Antarctica. *Global Change Biology*, 9(12), 1681-1717.

3 Sancho, L. G., Palacios, D., Green, T. A., Vivas, M., & Pintado, A. 2011. Extreme high lichen growth rates detected in recently deglaciated areas in Tierra del Fuego. *Polar Biology*, 34(6), 813-822.

4 Green, T. A., Brabyn, L., Beard, C., & Sancho, L. G. 2012. Extremely low lichen growth rates in Taylor Valley, Dry Valleys, continental Antarctica. *Polar Biology*, 35(4), 535-541.

5 Kim, J. H., Ahn, I. Y., Lee, K. S., Chung, H., & Choi, H. G. 2007. Vegetation of Barton Peninsula in the neighbourhood of King Sejong Station (King George Island, maritime Antarctic). *Polar Biology*, 30(7), 903-916.

6 Ochyra, R., Lewis Smith, R. I., & Bednarek-Ochyra, H. 2008. *The illustrated moss flora of Antarctica*. Cambridge University Press.

7 Royles, J., Amesbury, M. J., Convey, P., Griffiths, H., Hodgson, D. A., Leng, M. J., & Charman, D. J. 2013. Plants and soil microbes respond to recent warming on the Antarctic Peninsula. *Current Biology*, 23(17), 1702-1706.

8 Roads, E., Longton, R. E., & Convey, P. 2014. Millennial timescale regeneration in a moss from Antarctica. *Current Biology*, 24(6), R222-R223.

9 THE ANGIOSPERM PHYLOGENY GROUP 2009, An update of the Angiosperm Phylogeny Group classification for the orders and families of flowering plants: APG III. *Botanical Journal of the Linnean Society*, 161, 105–121.

10 Gianoli, E., Inostroza, P., Zúñiga-Feest, A., Reyes-Díaz, M., Cavieres, L. A., Bravo, L. A., & Corcuera, L. J. 2004. Ecotypic differentiation in morphology and cold resistance in populations of *Colobanthus quitensis* (Caryophyllaceae) from the Andes of central Chile and the maritime Antarctic. *Arctic, Antarctic, and Alpine Research*, 36(4), 484-489.

11 Parnikoza, I., Kozeretska, I., & Kunakh, V. 2011. Vascular plants of the maritime Antarctic: origin and adaptation. *American Journal of Plant Sciences*, 2(03), 381-395.

12 Olech, M., & Chwedorzewska, K. J. 2011. The first appearance and establishment of an alien vascular plant in natural habitats on the forefield of a retreating glacier in Antarctica. *Antarctic Science*, 23(2), 153-154.

13 ATCM XXXIII - IP 43 (United Kingdom, Spain) 2010. *Eradication of a vascular plant species recently introduced to Whaler's Bay, Deception Island.*

14 Cuba-Díaz, M., Troncoso, J. M., Cordero, C., Finot, V. L., & Rondanelli-Reyes, M. 2013. *Juncus bufonius*, a new non-native vascular plant in King George Island, South Shetland Islands. *Antarctic Science*, 25(3), 385-386.

15 Alberdi, M., Bravo, L. A., Gutiérrez, A., Gidekel, M., & Corcuera, L. J. 2002. Ecophysiology of Antarctic vascular plants. *Physiologia Plantarum*, 115(4), 479-486.

16 Hansom, J. D., & Gordon, J. 2014. *Antarctic environments and resources: a geographical perspective.* Routledge.

17 Wasley, J., Robinson, S. A., Lovelock, C. E., & Popp, M. 2006. Some like it wet—biological characteristics underpinning tolerance of extreme water stress events in Antarctic bryophytes. *Functional Plant Biology*, 33(5), 443-455.

18 Edwards, J. A., & Smith, R. I. L. 1988. Photosynthesis and respiration of *Colobanthus quitensis* and *Deschampsia antarctica* from the maritime Antarctica. *British Antarctic Survey Bulletin* 81, 43-63.

19 Zuñiga, G. E., Alberdi, M., & Corcuera, L. J. 1996. Non-structural carbohydrates in *Deschampsia antarctica* desv. from South Shetland Islands, maritime antarctic. *Environmental and Experimental Botany*, 36(4), 393-399.

20 Bravo, L. A., Ulloa, N., Zuñiga, G. E., Casanova, A., Corcuera, L. J., & Alberdi, M. 2001. Cold resistance in Antarctic angiosperms. *Physiologia Plantarum*, 111(1), 55-65.

21 Bravo, L. A., & Griffith, M. 2005. Characterization of antifreeze activity in Antarctic plants. *Journal of Experimental Botany*, 56(414), 1189-1196.

22 Ruhland, C. T., & Day, T. A. 2000. Effects of ultraviolet-B radiation on leaf elongation, production and phenylpropanoid concentrations of *Deschampsia antarctica* and *Colobanthus quitensis* in Antarctica. *Physiologia Plantarum*, 109(3), 244-251.

23 Turnbull, J. D., Leslie, S. J. & Robinson, S. A. 2009. Desiccation protects Antarctic mosses from ultraviolet-B induced DNA damage. *Functional Plant Biology*, 36(3), 214-221.

24 Ryan, K. G., Burne, A., & Seppelt, R. D. 2009. Historical ozone concentrations and flavonoid levels in herbarium specimens of the Antarctic moss *Bryum argenteum*. *Global Change Biology*, 15(7), 1694-1702.

25 Bramley-Alves, J., King, D. H., Robinson, S. A., & Miller, R. E. 2014. Dominating the Antarctic environment: bryophytes in a time of change. *In Photosynthesis in Bryophytes and Early Land Plants* (pp. 309-324). Springer, Netherlands.

26 Byun, M. Y., Lee, J., Cui, L. H., Kang, Y., Oh, T. K., Park, H., Lee, H., & Kim, W. T. 2015. Constitutive expression of *DaCBF7*, an Antarctic vascular plant *Deschampsia antarctica* CBF homolog, resulted in improved cold tolerance in transgenic rice plants. *Plant Science*, 236, 61-74.

27 하호경, 김백민. (2014). 《극지과학자가 들려주는 기후변화 이야기》. 지식노마드.

28 http://www.metoffice.gov.uk/research/news/2015/global-average-temperature-2015

29 Vaughan, D. G., Marshall, G. J., Connolley, W. M., Parkinson, C., Mulvaney, R., Hodgson, D. A., King, J. C., Pudsey C. J., & Turner, J. 2003. Recent rapid regional climate warming on the Antarctic Peninsula. *Climatic Change*, 60(3), 243-274.

30 O'Donnell, R., Lewis, N., McIntyre, S., & Condon, J. 2011. Improved methods for PCA-based reconstructions: case study using the Steig et al. 2009 Antarctic temperature reconstruction. *Journal of Climate*, 24(8), 2099-2115.

31 Shepherd, A., Ivins, E. R., Geruo, A. et al. 2012. A reconciled estimate of ice-sheet mass balance. *Science*, 338(6111), 1183-1189.

32 Liu, J., & Curry, J. A. 2010. Accelerated warming of the Southern Ocean and its impacts on the hydrological cycle and sea ice. *Proceedings of the National Academy of Sciences*, 107(34), 14987-14992.

33 Bracegirdle, T. J., Connolley, W. M., & Turner, J. 2008. Antarctic climate change over the twenty first century. *Journal of Geophysical Research: Atmospheres*, 113(D3).

34 Krinner, G., Magand, O., Simmonds, I., Genthon, C., & Dufresne, J. L. 2007. Simulated Antarctic precipitation and surface mass balance at the end of the twentieth and twenty-first centuries. *Climate Dynamics*, 28(2-3), 215-230.

35 Davies, B. J., Golledge, N. R., Glasser, N. F., Carrivick, J. L., Ligtenberg, S. R., Barrand, N. E., van den Broeke, M. R., Hambrey, M. J., & Smellie, J. L. 2014. Modelled glacier response to centennial temperature and precipitation trends on the Antarctic Peninsula. *Nature Climate Change*, 4(11), 993-998.

36 McKenzie, R. L., Aucamp, P. J., Bais, A. F., Björn, L. O., Ilyas, M., & Madronich, S. 2011. Ozone depletion and climate change: impacts on UV radiation. *Photochemical & Photobiological Sciences*, 10(2), 182-198.

37 Fowbert, J. A., & Smith, R. I. L. 1994. Rapid population increases in native vascular plants in the Argentine Islands, Antarctic Peninsula. *Arctic and Alpine Research*, 290-296.

38 Day, T. A., Ruhland, C. T., Grobe, C. W., & Xiong, F. 1999. Growth and reproduction of Antarctic vascular plants in response to warming and UV radiation reductions in the field. *Oecologia*, 119(1), 24-35.

39 Xiong, F. S., Mueller, E. C., & Day, T. A. 2000. Photosynthetic and respiratory acclimation and growth response of Antarctic vascular plants to contrasting temperature regimes. *American Journal of Botany*, 87(5), 700-710.

40 Nakatsubo, T. 2002. Predicting the impact of climatic warming on the carbon balance of the moss *Sanionia uncinata* on a maritime Antarctic island. *Journal of Plant Research*, 115(2), 0099-0106.

41 Wasley, J. 2004. *The effect of climate change on Antarctic terrestrial flora.* University of Wollongong Thesis Collection, 275.

42 http://www.antarctica.gov.au/news/2008/big-brother-monitors-glacial-retreat-in-the-sub-antarctic

43 Favero-Longo, S. E., Worland, M. R., Convey, P., Lewis Smith, R. I., Piervittori, R., Guglielmin, M., & Cannone, N. 2012. Primary succession of lichen and bryophyte communities following glacial recession on Signy Island, South Orkney Islands, Maritime Antarctic. *Antarctic Science*, 24(4), 323-336.

175

그림출처 및 저작권

그림 1-6   Pickard, J., & Seppelt, R. D. (1984). Phytogeography of Antarctica. *Journal of Biogeography*, 83-102. Fig. 9를 수정

그림 2-1a   http://wgbis.ces.iisc.ernet.in/biodiversity/sahyadri_enews/newsletter/issue34/sahyadri_shilapushpa/index.htm (2015.11.20 접속)

그림 2-1b   http://www.plantscience4u.com/2014/07/nature-of-association-of-lichen.html#.Vlpst4QgqNl

그림 2-3   Sancho, L. G., Palacios, D., Green, T. A., Vivas, M., & Pintado, A. (2011). Extreme high lichen growth rates detected in recently deglaciated areas in Tierra del Fuego. *Polar Biology*, 34(6), 813-822. Fig. 8a & 8b

그림 2-5c   http://www.backyardnature.net/n/09/090330hp.jpg

그림 2-6a,b   Koning, Ross E. 1994. Stems. *Plant Physiology Information Website*. http://plantphys.info/plant_biology/stems.shtml. (2015.11.20 접속)

그림 2-9   http://www2.mcdaniel.edu/Biology/botf99/earlyimages/moss.html

그림 2-12b   Royles, J., Amesbury, M. J., Convey, P., Griffiths, H., Hodgson, D. A., Leng, M. J., & Charman, D. J. (2013). Plants and soil microbes respond to recent warming on the Antarctic Peninsula. *Current Biology*, 23(17), 1702-1706. Fig. 3을 수정

그림 2-13c   Roads, E., Longton, R. E., & Convey, P. (2014). Millennial timescale regeneration in a moss from Antarctica. *Current Biology*, 24(6), R222-R223. Fig. 1b

그림 2-20b   Illustrated by Karina Simons & David Dilcher (http://www.mnh.si.edu/museum/news/firstflower/, 2015.11.20 접속)

그림 2-23   Wouw, M. V. D., Dijk, P. V., & Huiskes, A. H. (2008). Regional genetic diversity patterns in Antarctic hairgrass (*Deschampsia antarctica* Desv.). *Journal of Biogeography*, 35(2), 365-376. Fig. 3을 수정

그림 2-25   Gianoli, E., Inostroza, P., Zúñiga-Feest, A., Reyes-Díaz, M.,
Cavieres, L. A., Bravo, L. A., & Corcuera, L. J. (2004).
Ecotypic differentiation in morphology and cold
resistance in populations of *Colobanthus quitensis
(Caryophyllaceae)* from the Andes of central Chile and
the maritime Antarctic. *Arctic, Antarctic, and Alpine
Research*, 36(4), 484-489. Fig. 3

그림 2-26a   http://www.polarresearch.net/index.php/polar/article/
view/21425 (2015.11.20 접속)

그림 2-27a   ATCM XXXIII - IP 43 (United Kingdom, Spain) 2010 -
Eradication of a vascular plant species recently introduced
to Whaler's Bay, Deception Island.

그림 2-27b   Cuba-Díaz, M., Troncoso, J. M., Cordero, C., Finot, V. L., &
Rondanelli-Reyes, M. (2013). *Juncus bufonius*, a new non-
native vascular plant in King George Island, South
Shetland Islands. *Antarctic Science*, 25(03), 385-386. Fig. 1

그림 3-1c   Alberdi, M., Bravo, L. A., Gutiérrez, A., Gidekel, M., &
Corcuera, L. J. (2002). Ecophysiology of Antarctic
vascular plants. *Physiologia Plantarum*, 115(4), 479-486.
Fig. 2

그림 3-2   Zuñiga, G. E., Alberdi, M., & Corcuera, L. J. (1996). Non-
structural carbohydrates in *Deschampsia antarctica*
Desv. from South Shetland Islands, maritime antarctic.
Environmental and Experimental Botany, 36(4), 393-399.
Fig. 2를 수정

그림 3-7   http://plantsinaction.science.uq.edu.au/edition1/?q
=content/14-2-1-photosynthesis에서 재인용. Based on
Wardlaw (1979)

그림 3-8a,b Xiong, F. S., Ruhland, C. T., & Day, T. A. (1999). Photosynthetic
temperature response of the Antarctic vascular plants
Colobanthus quitensis and *Deschampsia antarctica*.
Physiologia Plantarum, 106(3), 276-286. Fig. 3,4를 수정.

**그림출처 및
저작권** 계속▶

그림 3-8c   그림 3-2 출처의 Fig.1

그림 3-9   Zhu, J., Verslues, P. E., Zheng, X., Lee, B. H., Zhan, X., Manabe, Y., Sokolchik, I., Zhu, Y., Dong, C.-H., Zhu, J.-K., Hasegawa, P. M., & Bressan, R. A. (2005). *HOS10* encodes an R2R3-type MYB transcription factor essential for cold acclimation in plants. *Proceedings of the National Academy of Sciences of the United States of America*, 102(28), 9966-9971. Fig. 3a를 수정

그림 3-10   Bravo, L. A., & Griffith, M. (2005). Characterization of antifreeze activity in Antarctic plants. *Journal of Experimental Botany*, 56(414), 1189-1196. Fig. 2

그림 3-12   WMO (World Meteorological Organization), Scientific Assessment of Ozone Depletion: 2002, Global Ozone Research and Monitoring Project—Report No. 47, Geneva, 2003. Fig. Q12-1

그림 3-14   그림 3-12 출처의 Fig. Q17-2를 수정

그림 3-15   Xiong, F. S., & Day, T. A. (2001). Effect of solar ultraviolet-B radiation during springtime ozone depletion on photosynthesis and biomass production of Antarctic vascular plants. *Plant Physiology*, 125(2), 738-751. Fig. 4

그림 3-16a,b   Hanson, D. T., & Rice, S. K. (2014). *Photosynthesis in bryophytes and early land plants*. Springer. Fig. 7.1을 수정

그림 3-17   © Commonwealth of Australia (http://www.antarctica.gov.au/about-us/publications/australian-antarctic-magazine/2006-2010/issue-14-2008/science/understanding-the-tolerance-of-antarctic-mosses-to-climate-change, 2015.11.20 접속)

그림 3-18   Ryan, K. G., Burne, A., & Seppelt, R. D. (2009). Historical ozone concentrations and flavonoid levels in herbarium specimens of the Antarctic moss *Bryum argenteum*. *Global Change Biology*, 15(7), 1694-1702. Fig. 1과 2

그림 4-1 Vaughan, D. G., Marshall, G. J., Connolley, W. M., Parkinson, C., Mulvaney, R., Hodgson, D. A., King, J. C., Pudsey C. J., & Turner, J. (2003). Recent rapid regional climate warming on the Antarctic Peninsula. *Climatic change*, 60(3), 243-274. Fig. 1

그림 4-3 O'Donnell, R., Lewis, N., McIntyre, S., & Condon, J. (2011). Improved methods for 94-2PCA-based reconstructions: case study using the Steig et al.(2009) Antarctic temperature reconstruction. *Journal of Climate*, 24(8), 2099-2115. Fig. 4를 수정

그림 4-4 Shepherd, A., Ivins, E. R., Geruo, A., Barletta, V. R., Bentley, M. J., Bettadpur, S., ... & Zwally, H. J. (2012). A reconciled estimate of ice-sheet mass balance. *Science*, 338(6111), 1183-1189. Fig. 5를 수정

그림 4-5 Turner, J., Bindschadler, R., Convey, P., Di Prisco, G., Fahrbach, E., Gutt, J., ... & Summerhayes, C. (2009). *Antarctic climate change and the environment*. Fig. 5.6

그림 4-6b Bracegirdle, Thomas J., Connolley, William M., Turner, John. (2008) Antarctic climate change over the twenty first century. *Journal of Geophysical Research*, 113. 13 Fig. 12를 수정

그림 4-7 Krinner, G., Magand, O., Simmonds, I., Genthon, C., & Dufresne, J. L. (2007). Simulated Antarctic precipitation and surface mass balance at the end of the twentieth and twenty-first centuries. *Climate Dynamics*, 28(2-3), 215-230. Fig. 7을 수정

그림 4-8 Davies, B. J., Golledge, N. R., Glasser, N. F., Carrivick, J. L., Ligtenberg, S. R., Barrand, N. E., van den Broeke, M. R., Hambrey, M. J., & Smellie, J. L. (2014). Modelled glacier response to centennial temperature and precipitation trends on the Antarctic Peninsula. *Nature Climate Change*, 4(11), 993-998. Fig. 4를 수정

그림 4-9 McKenzie, R. L., Aucamp, P. J., Bais, A. F., Björn, L. O., Ilyas, M., & Madronich, S. (2011). Ozone depletion and climate change: impacts on UV radiation. *Photochemical & Photobiological Sciences*, 10(2), 182-198. Fig. 4를 수정

그림 4-10 Bokhorst, S., Huiskes, A., Convey, P., Sinclair, B. J., Lebouvier, M., Van de Vijver, B., & Wall, D. H. (2011). Microclimate impacts of passive warming methods in Antarctica: implications for climate change studies. *Polar Biology*, 34(10), 1421-1435. Fig. 1

그림 4-11 Xiong, F. S., Mueller, E. C., & Day, T. A. (2000). Photosynthetic and respiratory acclimation and growth response of Antarctic vascular plants to contrasting temperature regimes. *American Journal of Botany*, 87(5), 700-710. Fig. 2를 수정

그림 4-12 Nakatsubo, T. (2002). Predicting the impact of climatic warming on the carbon balance of the moss Sanionia uncinata on a maritime Antarctic island. *Journal of plant research*,115(2), 0099-0106. Fig. 3

그림 4-13b Wasley, J. (2004). The effect of climate change on Antarctic terrestrial flora. University of Wollongong Thesis Collection, 275. Fig. 2.1

그림 4-14a Wasley, J., Robinson, S. A., Lovelock, C. E., & Popp, M. (2006). Some like it wet—biological characteristics underpinning tolerance of extreme water stress events in Antarctic bryophytes. *Functional Plant Biology*, 33(5), 443-455. Table 3과 Fig. 4를 수정

그림 4-15 © Commonwealth of Australia (http://www.antarctica. gov.au/news/2008/big-brother-monitors-glacial-retreat-in-the-sub-antarctic)

그림 4-17a,b http://www.cisfbr.org.uk/Bryo/Cornish_Bryophytes_ Bryum_archangelicum.html, http://www.cisfbr.org.uk/ Bryo/Cornish_Bryophytes_Bryum_ pseudotriquetrum_ sl.html (2015.11.20 접속)

더 읽으면
좋은 자료들

- 장순근, 2010. 《남극 세종기지의 자연환경》, 서울대학교 출판문화원. – 남극세종과학기지와 주변 자연환경에 대해 상세히 알고 싶은 사람들을 위한 안내서. 지리적인 위치에 따른 자연환경과 주변에 살고 있는 동식물, 세종과학기지와 이웃하고 있는 다른 나라 기지의 활동까지 전반적인 정보를 다루고 있다.

- Turner, J., Bindschadler, R., Convey, P., Di Prisco, G., Fahrbach, E., Gutt, J., Hodgson, D., Mayewski, P., & Summerhayes, C. (2009). *Antarctic climate change and the environment*. Scientific Committee on Antarctic Research, Cambridge, UK. – 전세계 남극 과학자들의 연구활동을 총체적으로 지원하고 있는 남극연구과학위원회 Scientific Committee on Antarctic Research, SCAR에서 남극의 기후변화에 따른 환경변화와 생물의 반응에 관한 연구를 소개하기 위해 출판한 책으로, 현재 남극과학 분야에서 왕성하게 활동하는 학자들이 저자로 참여한 책이다.

- 국립생물자원관, 2014. 《선태식물 관찰도감》, 지오북. – 많이들 낯설어하는 선태식물에 대한 간단한 소개와 국내에 자생하는 300여종의 선태식물에 관한 1000여장의 사진을 함께 볼 수 있는 책이다. 우리 주변에서 흔히 볼 수 있지만 자료는 턱없이 부족했던 선태식물을 다루고 있는 몇 안 되는 우리말 자료 중 하나다.

- IPCC의 제5차 평가보고서 제1실무그룹, 2014. 《기후변화 2013 – 과학적 근거》, 기상청. – 기후변화에 관한 전반적인 정보가 일목요연하게 정리되어 있는 IPCC 보고서의 최신판을 한국어로 번역한 것이다. 기술적인 부분은 조금 어려울 수 있으나, 앞부분의 요약보고서와 뒷부분의 FAQ 내용은 기후변화에 관한 여러 궁금증을 해결하는 데 특히 유용하다. IPCC 홈페이지에서 무료로 다운받을 수 있다. (http://www.climatechange2013.org/report/summary-volume-translations-other/)

- 김재근 외 4인 역. 콜린 벨크, 버지니아 B. 마이어 저, 2010. 《생활속의 생명과학》(제3판). 바이오사이언스 – 식물을 포함하여 생물학 전반에 대한 의문을 해결할 수 있는 교과서. 과학적 김증빙법, 생명체 세포의 구조, 식물의 광합성, 세포분열과 유전, 진화, 생물의 분류체계 등 이 책에서 언급된 중요하지만 설명이 부족했던 여러 개념들을 학습할 수 있다.

찾아보기

그림으로 보는 극지과학 5

극지과학자가 들려주는 **남극 식물 이야기**

지 은 이 | 이형석

1판 1쇄 인쇄 | 2015년 12월 22일
1판 1쇄 발행 | 2015년 12월 29일

펴 낸 곳 | ㈜지식노마드
펴 낸 이 | 김중현
디 자 인 | **design Vita**

등록번호 | 제 313-2007-000148호
등록일자 | 2007.7.10
주   소 | 서울특별시 마포구 동교동 204-54 태성빌딩 3층 (121-819)
전   화 | 02-323-1410
팩   스 | 02-6499-1411

이 메 일 | knomad@knomad.co.kr
홈페이지 | http://www.knomad.co.kr

가   격 | 12,000원
ISBN 978-89-93322-86-6 04450
ISBN 978-89-93322-65-1 04450(세트)

Copyright ⓒ 2015 극지연구소

영업관리 | (주)북새통
전   화 | 02-338-0117   팩   스 | 02-338-7160